DevOps
开发运维训练营

DevOps
Bootcamp

[印度] Mitesh Soni 著

姚军 译

人民邮电出版社

北 京

图书在版编目（CIP）数据

DevOps开发运维训练营 ／（印）米泰什·索尼
(Mitesh Soni) 著；姚军译. -- 北京：人民邮电出版
社，2018.1
ISBN 978-7-115-47257-1

Ⅰ. ①D… Ⅱ. ①米… ②姚… Ⅲ. ①软件工程 Ⅳ.
①TP311.5

中国版本图书馆CIP数据核字（2017）第298728号

◆ 著　　　　[印度] Mitesh Soni
　　译　　　　姚　军
　　责任编辑　傅道坤
　　责任印制　焦志炜

◆ 人民邮电出版社出版发行　　北京市丰台区成寿寺路 11 号
　　邮编　100164　　电子邮件　315@ptpress.com.cn
　　网址　http://www.ptpress.com.cn
　　北京鑫正大印刷有限公司印刷

◆ 开本：800×1000　1/16
　　印张：13.75
　　字数：262 千字　　　　　　　2018 年 1 月第 1 版
　　印数：1 – 2 000 册　　　　　2018 年 1 月北京第 1 次印刷

　　著作权合同登记号　图字：01-2017-7893 号

定价：59.00 元
读者服务热线：**(010)81055410**　印装质量热线：**(010)81055316**
反盗版热线：**(010)81055315**
广告经营许可证：京东工商广登字 20170147 号

内容提要

DevOps（Development 和 Operations 的组合）是一组过程、方法与系统的统称，用于促进开发（应用程序 / 软件工程）、技术运营和质量保障（QA）部门之间的沟通、协作与整合。

本书从以练代学的角度讲解了 IT 运维的一些实用知识和相关运维工具的使用技巧，总共分为 8 章，其内容有 DevOps 概念与评估框架，如何安装 Jenkins 持续集成服务器，如何使用开发或者 QA 环境的容器，云计算与配置管理，持续交付，自动化测试（功能和负载测试），使用编排技术自动化应用程序生命周期的不同方法，与特定角色相关的安全和监控。

本书适合打算学习 DevOps 以及打算在公司内部建设 DevOps 文化的 IT 开发人员、运营人员和管理员阅读。

关于作者

Mitesh Soni 是一位热心的学习者，在 IT 行业已有 10 年的经验。他拥有 SCJP、SCWCD、VCP、IBM Urbancode 认证，是 IBM Bluemix 认证专家。他热爱 DevOps 和云计算，对 Java 编程也有兴趣，觉得设计模式十分迷人。他相信"一图胜千言"。

Mitesh 喜欢和孩子一起玩耍，摆弄自己的照相机，在 Indroda 公园拍摄照片。他痴迷于拍照，但是并不想弄懂许多技术细节。他生活在圣雄甘地祖国的首都。

Mitesh 已经在 Packt 出版了如下书籍：

- *Implementing DevOps with Microsoft Azure*
- *DevOps for Web Developers* [*Video*]
- *DevOps for Web Development*
- *Jenkins Essentials*
- *Learning Chef*

"在我的生涯中已经投失了 9 000 个球，输了 300 场比赛，我曾经 26 次在队友的信任下投绝杀球不中。在我的生命中一而再、再而三地失败，而这正是我成功的原因。"

——迈克尔·乔丹

我总是衷心地感谢在我人生旅程中给予帮助的人们，但是我猜测，现在是时候真正地感谢一个人，每当我能记起的时候，他总与我同在。

最后，感谢所有教我爱自己的人们！

关于审稿人

Daniel Jonathan Valik 是云服务、平台即服务、统一通信与协作技术的行业专家。他还精通其他领域，如 IOT、DevOps、自动化和软件流水线管理解决方案、微服务、容器化、虚拟化、云原生应用、人工智能、托管 PBX 和云电话、WebRTC、统一消息传输、联络中心解决方案和通信驱动业务流程设计。

Daniel 曾经担当过多个不同门类的工作，如产品营销、产品管理、项目管理、行业倡导者和策略顾问，并在不同地区生活和工作过，如欧洲、东南亚和美国。他有更改管理和战略管理的双硕士学位，曾编著多本与云服务、统一通信、DevOps、云服务与迁移、AI 和游戏开发相关的技术与业务图书。

谨以本书献给在我的生命中带来希望之光的人们。我想把本书献给 Shreyansh（Shreyu——我姐姐 Jigisha 的儿子），他向我展示了天真和微笑的力量；Vinay Kher，感谢他的祝福；感谢我的父母，他们总是默默地为我祷告；感谢 Simba（Priyanka Agashe），他总是支持和鼓励我，让我相信自己。

前言

DevOps 不是一种工具、技术、过程或者框架，而是一种文化。文化是特定于组织的，并随着人、过程和工具的组合而发展，以持续的创新带来持续的改善。

一次又一次地重复相同的工作，其代价远高于改变。改变不是对组织文化的威胁，运用破坏性的创新只会改善文化。改善就是向正确的方向改变，从错误或者经验中学习，不断向正确的方向改变，就能达到完美。开个玩笑："改变是不可避免的，即使对当今的自动售货机都是如此。"

DevOps 不是到达一个目的地、享受美景，然后结束旅程。它是一个永远不会结束的持续改善的过程，在这个过程中，我们创新和规划，在旅程或者过程的享受中到达相同的目的地。每次改善和创新的过程可能不同，但是目标从未改变！这个目标就是以高成本效益的方式，最大限度地利用资源，更快地进入市场，获得最高的客户满意度。

本书不仅强调技术，还重视 DevOps 文化应该包含的不同实践。DevOps 还处于初级阶段。作为一个组织，在改进和创新的道路上，决定不做什么是很重要的。决定不进行重复性的手工作业也很重要。在本书中，我们将介绍 DevOps 的所有关键实践，如持续集成、使用容器的资源配给和云计算——IaaS（Amazon EC2 和 Microsoft Azure 虚拟机）和 PaaS（Azure App Service 或 Azure Web Apps 和 Amazon Elastic Beanstalk）、持续交付、持续测试和持续部署；如何在云环境中自动化构建集成和配给资源；在 Amazon Elastic Beanstalk、Microsoft Azure Web Apps/App Service Environments 中部署 Web 应用；AWS 和 Microsot Azure Public Cloud 中的应用监控；以及在 VSTS 和 Apache JMeter 中的负载测试。

我们的主要目标是管理应用程序生命期。通过自动化重复的手工过程，我们可以将应用程序生命期管理标准化，并避免错误。我们还在 Jenkins 和 VSTS 中的不同环境提供基于批准的应用部署，提供对应用生命期管理的治理，上述两个系统中都有插件或者现成的相关功能。

为了持续集成和持续发行（持续交付和持续部署），我们已经使用 Jenkins 和 Vistual Studio Team Services（VSTS）。端到端自动化编排和基于批准的工作流由

Jenkins 和 VSTS 管理。

没有改变的思维，就不可能有进步，为了改变任何东西，我们必须将改变形象化。在本书中，我们试图聚焦于运用人（开发团队、QA 团队、运营团队、云团队、构建工程师、基础设施团队等）、过程（持续集成、自动化资源配给、持续交付、持续测试、持续部署、持续监控、持续改进和持续创新）以及工具（开源和 Microsoft 技术栈），来一次 DevOps 世界的文化之旅。

用开源工具和 Micrsoft 技术栈展现过程或者实践的主要原因是培养一种感觉：DevOps 不关乎工具，而关乎思维方式！我们可以用任何自动化工具执行几乎相同的运营操作。

本书内容

第 1 章，"DevOps 概念与评估框架"，涵盖了如何从更高层次上快速理解 DevOps、如何准备改变文化的相关细节。这一章讨论了 DevOps 的目标以及需要从管理层得到的支持，为 DevOps 的概念打下基础。

第 2 章，"持续集成"，说明如何安装 Jenkins 持续集成服务器，执行与编译、单元测试执行、代码分析和创建打包文件的相关任务。这一章还介绍使用 Microsoft 技术栈进行的持续执行，目标是尽可能获得更多的持续集成的相关信息，因为它是其余自动化手段的基础。

第 3 章，"容器"，说明如何使用开发或者 QA 环境的容器，以更好地利用资源。这一章包含了创建 Tomcat 容器的方法，以及在其中部署应用程序的细节。

第 4 章，"云计算与配置管理"，聚焦于在云引用部署环境的创建和配置。这一章将介绍基础设施即服务的使用，以及如何使用配置管理工具 Chef 创建一个平台，以便在本书的余下章节中自动化部署应用程序。

第 5 章，"持续交付"，说明在平台以不同方式准备好时，如何部署 Web 应用程序。这涉及 AWS 和 Micrsoft Azure 等平台，AWS Elastic Beanstakl 和 Microsft Azure App Services 等 IaaS 及 PaaS 服务。我们还将介绍基于脚本的部署和 Jenkins 的基于插件部署。

第 6 章，"自动测试（功能和负载测试）"，说明了在非生产环境中部署应用之后可以进行的各类测试，介绍了利用自动化测试技术改进应用质量的方法，如使用开源工具进行的功能测试和负载测试。

第 7 章，"编排——端到端自动化"，包含了使用编排技术自动化应用程序生命期管理的不同方法。构建流水线用于编排持续集成、持续交付和持续测试。构建和发行定义以某种方式配置，组成一个流水线，实现具有相应基于批准机制的端到端自动化。

第 8 章，"安全与监控"，讨论的安全是以仅有特定利益相关方的角色为基础的，所以这些角色可以管理配置和构建。我们将研究自动化生命期管理、监控和根据成败通知结果、使利益相关方采取必要修复措施的各种工具。

阅读本书需要的条件

本书假定读者至少熟悉 Java 编程语言。如果想要更深入地探索本书的内容，具备核心 Java 和 JEE 的知识是必不可少的。对 Web 应用在 Tomcat 等应用服务器上部署的深入理解将能帮助你更快地理解流程。但是，我们将提供简单的概述。由于应用开发生命期涵盖许多工具，对代码存储库和 Eclipse 等 IDE 工具、Ant 及 Maven 等构建工具的一些了解也是必要的。

代码分析工具的知识将使你的配置和集成工作更得心应手；但是，这对于执行本书中的练习来说并不是必要的。大部分配置步骤都有清晰的步骤说明，并提供直观的屏幕截图。

你将经历熟悉 Jenkins、VSTS、Microsoft Azure Web Apps 和 AWS Elastic Benstalk 所需的步骤。对于 Microsoft Azure，可以使用 1 个月的试用版本。VSTS 也有一个包含某些限制的试用账户。AWS 也有特定限制条件的一年试用期。

本书的目标读者

本书的目标读者是希望快速学习和在组织中建设 DevOps 文化的 IT 开发人员、运营人员和管理员。本书特别适合开发人员、技术领导、测试人员和运营专业人士，这些目标读者希望引入容器、Chef 配置管理工具、Microsoft Azure PaaS、应用服务和 SQL 数据库，以托管应用程序。读者知道开发和运营团队所面对的问题，因为他们是应用生命期管理过程中的利益相关方。引入 Jenkins Automation Server、Microsoft Azure PaaS 和 VSTS，是为了理解它们对持续集成、自动化测试用例执行和持续开发的重要贡献，这些都是高效应用程序生命期管理的要素。

以往在持续集成、云计算、持续交付和持续部署上有一定经验是很有用的。你可能是一位新手，也可能对 Jenkins 等持续集成工具有经验。本书涵盖了持续集成、云计算、持续交付和一个基于 Spring 的 Java 样板应用程序的持续部署，主要目标是了解端到端自动化，在开放源码和 Microsoft 技术栈上实施，并根据从本书中得到的知识进一步扩展。

下载示例代码

读者可以从 http://www.epubit.com.cn/book/details/7709 下载示例代码文件。

目　录

第 1 章
DevOps 概念与评估框架

一旦建立了创新的文化，即使那些并非科学家或者工程师的人——诗人、演员、记者——也能以团体的形式，接受科学文化的意义。他们信奉创新文化的概念。他们以促进这种文化的方式投票。他们不会反对科学，也不会反对技术。

——Neil deGrasse Tyson

在本章中，我们讨论如何快速地从更高的层面理解 DevOps，介绍准备改变文化的最佳实践。我们将讨论 DevOps 的目标以及从组织管理层得到支持的方法，为 DevOps 的概念打下基础。我们将试着从根本上介绍使应用程序生命期管理简单、高效的 DevOps 实践。

DevOps 不是一种框架、工具或者技术，理解这一点非常重要。它更多的是与组织的文化有关。DevOps 还是人们在组织中使用预先定义的过程、利用自动化工具，使日常工作更加高效、手工工作更少的一种方法。

为了理解 DevOps 的重要性，我们在本章中将包含如下主题：

- DevOps 的必要性；
- 如何发展 DevOps 文化；
- PPT（人、过程和技术）的重要性；
- 为什么 DevOps 不全和工具有关；
- DevOps 评估问题。

1.1 DevOps 的必要性

Harriet Tubman 有一段名言，可以在 http://harriettubmanbiography.com 上找到：

---
[1]

每个伟大的梦想都源于梦想家。永远铭记，你拥有的力量、耐心和热情，可以令你摘星揽月、改变世界。

改变是生命的法则，也适用于组织机构。如果任何组织或者个人只盯着过去或者现有的模式、文化或实践，他们就肯定会错失未来的最佳实践。在动态的 IT 世界中，我们必须赶上技术革新的步伐。

我们可以参考乔治·萧伯纳的名言：

不改变就不可能进步，无法改变自己的想法，就不能改变任何东西。

现在，我们关注的是应用程序生命期管理方法的改变。重要的是，我们是否真的需要这种改变？我们是否真的需要经历改变的痛苦？

答案是肯定的。

人们可能会说，这种业务或者文化的改变不能是强制性的。

同意。

让我们在图 1-1 的帮助下，理解现代世界中组织在应用程序生命期管理中面对的痛点。

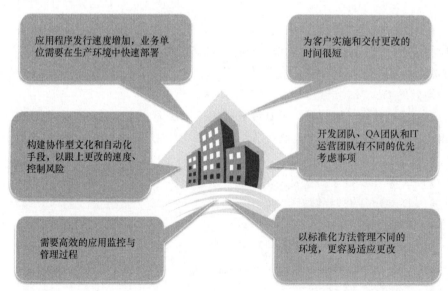

图 1-1

考虑到业务中不断变化的模式和竞争环境，改善应用程序生命期管理是当务之急。

在现代，有什么因素能够帮助我们改善应用程序生命期管理？

是的，云计算改变了游戏规则，为许多开创性的解决方案和创新打开了大门。让我们来理解云计算的真正意义，以及 DevOps 和自动化等术语在企业中所起的重要作用。

1.1.1 云计算概述

从计算革命来看，云计算是下一个合乎逻辑的步骤。从传统数据中心和虚拟化，到混合环境、私有云、公共云和混合云服务，云计算是向云消费者按需提供多租户或者专用计算资源（如计算、存储和网络）的计算类型。云计算有多种不同风格，包括不同的**云部署模型和云服务模型**。最重要的是其定价模型——现收现付。

云部署模型是云资源部署的方式。

1）私有云：私有云由防火墙后专门用于特定组织的场内云资源组成。

2）公共云：公共云由可用于所有组织及个人的云资源组成。

3）混合云：混合云由可用于一组有类似兴趣或者类似需求类型的组织的云资源组成。

4）社区云：社区云由组合两种或者更多部署模型的云资源组成。

云服务模型描述了向各类客户（个人、小型组织、大型企业）提供云资源的方式。

云服务模型包括：云客户或者最终用户可以访问和控制虚拟机的纯基础设施——**基础设施即服务（IaaS）**；提供运行时服务，云服务提供者提供和管理运行应用所需的所有软件安装及配置的平台——**平台即服务（PaaS）**；云服务提供者提供整个应用程序，负责基础设施和平台的软件即服务（SaaS）。

近几年涌现了许多**服务模型**，但是 **IaaS、PaaS 和 SaaS** 是基于**美国国家标准与技术学会（NIST）**的定义，如图 1-2 所示。

云计算有一些重要的特性，如多租户，类似于电力或者煤气的现收现付模式，提供更高计算、存储和网络资源利用率的**按需自助服务**和**资源池化**，用于根据需要自动扩展和收缩资源的**快速伸缩**，以及用于计费的**可度量服务**。

多年以来，不同云部署模型的使用根据用例而改变。最初，公共云用于非关键应用，而私有云用于关注安全性的关键应用。混合云和公共云的使用随着时间的推移以及对云服务提供商所提供服务的经验及信心而发展。同样地，不同云服务模型的使用也根据用例和灵活性而有所不同。IaaS 在早期最受欢迎，但是 PaaS 则凭借其成熟度和自动伸缩、支持多语言和支持端到端应用程序生命期管理工具的易用性而后来居上。

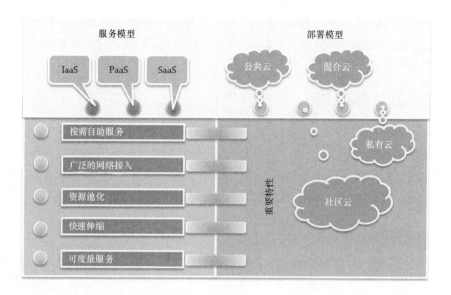

图 1-2

1.1.2　DevOps 概述

DevOps 与发展开发和 IT 运营团队之间的协作，以比现有方式更高效地管理应用程序生命期的组织文化、过程和技术有关（见图 1-3）。我们在工作中往往倾向于根据模式，从类似的问题或者挑战中找出可重用解决方案。

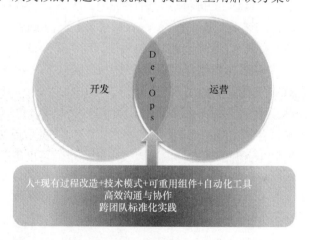

图 1-3

多年之后，成功与失败的试验、最佳实践、自动化脚本、配置管理工具和方法论已经成为 DevOps 文化中不可分割的一部分。

DevOps 有助于定义设计方法、开发方法、测试方法、安装方法、环境管理方法、配置管理方法、应用部署方法、反馈收集方法、代码改善方法和创新方法。

下面是开展 DevOps 实践的一些明显好处。

DevOps 是一系列创新，以高效的方法将开发与运营团队整合在一起，这些方法包括持续构建集成、持续测试、云资源配给、持续交付、持续部署、持续监控、持续反馈、持续改善和持续创新，按照敏捷方法论的要求，更快地交付应用程序。文化的发展不是一夜之间就能完成的，需要很长的时间。但是，对于 DevOps 究竟是什么仍存在概念上的混淆，人们往往将单独的持续集成或者配置管理实践当成DevOps 实践，这就像盲人摸象，每个人都将触摸到的一部分当成大象的整体，如图 1-4 所示。

图 1-4

但是，DevOps 涉及的不仅是开发和运营团队。在现有文化的发展中，涉及测试团队、业务分析人员、构建工程师、自动化团队、云团队和许多其他利益相关方。

DevOps 和组织文化没有太大区别，它们有共同的价值和行为特征，需要调整心态和过程，与新的技术和工具相匹配。

开发和运营团队面临的挑战

正因为现实中的一些挑战，使 DevOps 呈向上的趋势，并成为所有信息技术相关讨论中的热门话题。

开发团队面临的挑战

开发人员渴望采用新技术和新方法解决问题。但是，他们面对许多挑战。

- 竞争激烈的市场造成了按时交付的压力。
- 他们不得不负责生产就绪代码管理和新功能的实现。
- 发行周期往往很长，因此，开发团队必须在应用部署最终进行之前做出假设。在这种情况下，修复在模拟环境或者生产环境中部署期间发生的问题需要花费更多的时间。

运营团队面临的挑战

运营团队对资源变化、新技术或新方法的使用总是小心翼翼，因为他们需要稳定性。但是，他们也面对许多挑战。

- 资源争用：难以处理日益增长的资源需求。
- 重新设计或者调整：这是在生产环境中运行应用程序的需要。
- 诊断和改正：他们应该在应用程序部署与外界隔绝的情况下诊断和改正问题。

IT 团队面临的挑战

IT 团队向各个团队提供运营所需的资源。

- 基础设施配给：提供基础设施和具备合适安装软件包的运行时环境。
- 配置管理：根据工具或者技术的可供更新，升级现有基础设施或者软件包。

考虑到开发和运营团队面对的所有挑战，我们应该如何改善现有过程、利用自动化工具提高过程的效率、改变人们的思维方式？在下一小节，我们将了解如何在组织中发展 DevOps 文化，改善效率和效能。

1.2　如何发展 DevOps 文化

低效的估算、进入市场的时间过长以及其他问题导致了瀑布模型的改变，产生了敏捷模型。文化的演变不是有固定时限或者一夜之间可以完成的过程，它可能是一个步进式的分阶段过程，可以在不依赖其他阶段的情况下完成。

我们可以在不使用**云配给**的情况下实现持续集成，可以在不实现**配置管理**的情况下实现**云配给**。我们也可以在没有任何 DevOps 实践的情况下实现**持续测试**。图 1-5 所示是实现 DevOps 实践的不同阶段。

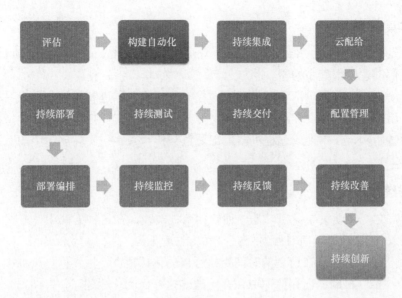

图 1-5

1.2.1　敏捷开发

敏捷开发或基于敏捷的方法论对应用程序构建很有用，这种方法将权力下放，鼓励互动，重视可工作软件、客户协作——利用反馈改善后续步骤——并以高效的方式响应变化。

敏捷开发最吸引人的好处之一是在短时间内（敏捷术语中叫作"冲刺"）持续交付。这样，应用开发的敏捷方法、技术上的改进、破坏性创新和方法在开发和运营团队之间造成了一条鸿沟。

1.2.2　DevOps

DevOps 试图通过发展开发和运营团队之间的伙伴关系，弥合这条鸿沟。DevOps 活动强调软件开发人员和 IT 运营部门之间的沟通、协作和整合。

DevOps 促进协作，通过自动化和编排改善过程为协作提供方便。换言之，DevOps 本质上将敏捷活动的持续开发目标扩展到持续集成和发行。DevOps 是利用云解决方案的优势，将敏捷实践与过程组合起来。敏捷开发和测试方法帮助我们实现应用程序的持续集成、开发、构建、部署、测试和发行目标。

构建自动化

自动化构建运用 Gradle、Apache Ant 和 Apache Maven 等构建自动化工具，帮助我们创建应用程序构建。

自动化构建过程包括将源代码编译成类文件或者二进制文件、提供第三方库文件引用、提供配置文件路径、将类文件或者二进制文件打包成包文件、执行自动化测试用例、在本地或远程机器上部署包文件和减少包文件创建中的手工作业等活动。

持续集成

简言之，持续集成（CI）是一种软件工程实践，在这种方法中，开发人员的每次签入（Check-in）都使用如下任一种方法验证。

- **"拉" 机制**：在计划的时间点执行自动化构建。
- **"推" 机制**：在存储库中保存更改时执行自动化构建。

这一步之后，对源代码库中最新的更改执行一次单元测试。持续集成是一种流行的 DevOps 方法，要求开发人员将代码每天数次整合为 Git 和 SVN 等代码库，以验证代码的完整性。

然后，自动化构建验证每次签入，使团队可以及早发现问题。

CI（甚至 CD）是公司同步 DevOps 存档的基线。在组织中如果没有很好地实施 CI 和 CD，就无法实施 DevOps。

云配给

在本章前面，我们已经介绍了云计算的基本知识。云配给为**架构即代码**（**Infrastructure as Code，IAC**）敞开了大门，使整个过程变得极其高效，因为我们在很大的程度上将涉及人工干预的过程自动化了。

现收现付的计费模式使所需的资源更加容易承受，不仅对大型组织，对中小规模组织和个人也是如此。

云配给有助于改进和创新，因为以前的资源约束从成本和维护的角度阻碍了组织的进一步发展。一旦我们在基础设施资源上拥有了敏捷性，就可以考虑自动化运行应用程序所需软件包的安装和配置。

配置管理

配置管理（CM）系统中的更改，更具体地说，就是服务器运行时环境。我们可以使用市场上的许多工具实现配置管理。流行工具包括 Chef、Puppet、

Ansible、Salt 等。

让我们来考虑一个需要管理多个同类配置服务器的例子。

例如，我们需要在每个服务器上安装 Tomcat。如果需要改变所有服务器上的端口、更新某些软件包或者为某些用户提供权限，该怎么办？这种情形下的任何修改都是人工的，也就是一种容易出错的过程。因为所有服务器都使用相同的配置，可以利用自动化手段。

持续交付

持续交付和持续部署是可以互换使用的术语。但是，两者之间还是有一些小的差别。

持续交付是在任何环境中以自动化方式部署一个应用程序并提供持续反馈以改善其质量的过程。持续交付和持续部署中的自动化方法不会改变。但是批准过程和其他小细节可能改变。

持续测试和部署

持续测试是端到端应用程序生命期管理过程中很重要的阶段，包括功能测试、性能测试、安全性测试等。

Selenium、Appium、Apache JMeter 和许多其他工具都可以用于相同的目的。另一方面，持续部署是部署应用程序，包含对生产环境的最新更改。

持续监控

持续监控是端到端交付流水线的骨干，开源监控工具就像冰淇淋勺的头部。

如图 1-6 所示，在几乎每个阶段都设置监控，获得所有过程的透明度是十分可取的做法。这还能够帮助我们快速检修故障。监控应该在深思熟虑的计划下执行。

图 1-6 描述了持续方法的全部过程。

我们必须理解，这是一种分阶段的方法，不一定要一次性完成各个阶段的自动化工作。每次选择一种 DevOps 实践、实施并理解其好处，然后再实施另一个，这是更有效的做法。

这样，我们可以安全地评估组织文化改变带来的改善，消除应用程序生命期管理中的手工劳动。

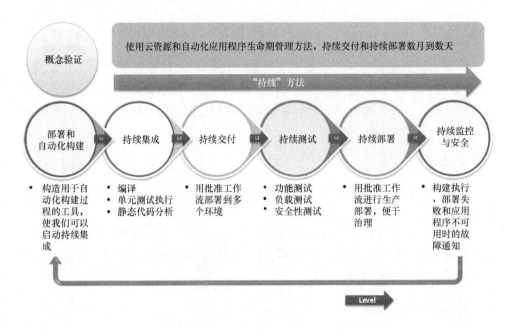

图 1-6

1.3　PPT——人、过程和技术——的重要性

PPT 在任何组织中都是一个重要的词。等等！我们说的可不是 PowerPoint 演示。这里，我们关注的是人、过程和工具 / 技术。让我们来了解一下，为什么这些因素在改变任何组织的文化时很重要。

1.3.1　人

引用 Jack Cranfield 的名言：

> 不管周围发生什么，成功的人总是积极地看待人生。他们着眼于过去的成功而不是过去的失败，聚焦于使他们更接近目标的下一步行动，而不是生活中令他们分心的其他事务。

为什么说人很重要？这是一个有趣的问题。如果我们想要用一句话来回答，那就是：因为我们试图改变文化。

那么又如何？

人是任何文化的重要组成部分，只有人能够驱动文化的改变，或者改变自己以适应新过程、定义新过程、学习新工具或者技术。

让我们用**变革方程式**来理解。

按照维基百科的说法，David Gleicher 在 20 世纪 60 年代初创造了**变革方程式**。Kathie Dannemiller 在 1980 年对方程式进行了完善。这个方程式提供了一个模型，以评估影响组织变革倡议成功概率的相对优势。

Gleicher（原始）版本为：$C = (ABD) > X$，其中 $C=$ 变革，$A=$ 对现状的不满意度，$B=$ 希望得到的明确状态，$D=$ 达到理想状态的实际步骤，$X=$ 变革的代价。

Dannemiller 的版本：$D×V×F > R$，其中 D、V 和 F 必须存在，组织变革才能进行：$D=$ 对现状的不满意度，$V=$ 对可能目标的愿景，$F=$ 可用于实现愿景的前几个具体步骤。如果这 3 个因素的乘积大于 R（阻力），那么变革就是可能成功的。

本质上说，这个公式表示，必须有对现有事务或者过程的不满，对新趋势、技术和市场方案创新的愿景，以及实现愿景所采取的具体步骤。

 关于变革方程式的更多细节，可以访问维基百科网页：https://en.wikipedia.org/wiki/Formula_for_change#cite_note-myth-1。

作为经验分享，我认为培训人员适应新的文化非常重要，这是一场需要耐心的博弈。我们不能在一夜之间改变人们的思维方式，在改变文化之前首先需要理解。

在行业中往往能看到，文化的改变从 DevOps 知识或者 DevOps 工程师开始，但是在理想状况下，这些不应该是"舶来品"，而应该逐步改变现有环境，并在其中训练人员，以控制阻力。我们不需要一个专门的 DevOps 团队，需要的是开发人员、测试团队、自动化实现人员和云或基础设施团队之间的更多沟通和协作。

让所有人都理解彼此的痛点是必不可少的步骤。在我工作过的机构里，我们习惯于有一个**卓越中心（COE）**来管理新技术、创新或者文化。作为自动化实现者和 DevOps 团队的一员，我们只应该担当促进者的角色，而不是与世隔绝的"竖井"中的一员。

1.3.2　过程

Tom Peters 曾有一段名言：

> 几乎所有质量改进都来源于对设计、制造…布局、过程和规程的简化。

在处理文化的发展时，质量极其重要。我们需要过程和策略，以正确的方式完成工作，并标准化各个项目，使操作的顺序、约束、规则等都有完备的定义，以便对成功与否进行度量。

我们需要为以下任务建立过程。

- 敏捷规划。
- 资源规划和配给。
- 配置管理。
- 对云资源和自动化中使用的其他工具的基于角色访问控制。
- 编程语言的静态代码分析规则。
- 测试方法论与工具。
- 发行管理。

这些过程对于度量 DevOps 文化发展的成功也很重要。

1.3.3　技术

史蒂夫•乔布斯有如下的名言：

技术并不重要，重要的是你对人们有信心，他们都很好、很聪明，如果给他们工具，他们就能做了不起的事。

科技帮助人和组织产生创意、完成创新，同时改变文化。没有科技，在日常例行的自动化操作中，就很难实现速度和效率。云计算、配置管理工具和构建流水线在资源配给、安装运行时环境和编排中很有用处。它们从根本上提高了应用程序生命期管理中不同方面工作的速度。

1.4　为什么说 DevOps 不全和工具有关

是的，工具什么都不是，在任何组织的文化变革中，它们都不是重要的因素。原因很简单。不管我们使用哪一种技术，都必须实施持续集成、云配给、配置管理、持续交付、持续部署、持续监控等。

按照类别，可以使用不同的工具集，但是所有工具执行的都是类似的操作。工具执行某个操作的方式可能不同，但结果是相同的。表 1-1 所示是按照分类列出的一些工具。

表 1-1

分类	工具
构建自动化	Nant、MSBuild、Maven、Ant 和 Gradle
存储库	Git 和 SVN
静态代码分析	Sonar 和 PMD
持续集成	Jenkins、Atlassian Bamboo 和 VSTS
配置管理	Chef、Puppet、Ansible 和 Salt
云平台	AWS 和 Microsoft Azure
云管理工具	RightScale
应用程序部署	Shell Scripts 和 Plugins
功能测试	Selenium 和 Appium
负载测试	Apache Jmeter
构件仓库	Artifactory、Nexus 和 Fabric

让我们来看看在不同运营工作的不同阶段使用的不同工具。这可能根据不同组织中的环境数量或者 DevOps 实践数量而变化，如图 1-7 所示。

图 1-7

如果我们需要根据不同的 DevOps 最佳实践分类工具，可以将其分类为开源和商业。表 1-2 所示为一些例子。

表 1-2

组件	开源	IBM Urban Code	Electric-Cloud
构建工具	Ant 或 Maven 或 MS Build	Ant 或 Maven 或 MS Build	Ant 或 Maven 或 MS Build
代码库	Git 或 Subversion	Git 或 Atlassian Stash 或 Subversion 或 StarTeam	Git 或 Subversion 或 StarTeam
代码分析工具	Sonar	Sonar	Sonar
持续集成	Jenkins	Jenkins 或 Atlassian Bamboo	Jenkins 或 ElectricAccelerator
持续交付	Chef	Artifactory 和 IBM UrbanCode	Deploy ElectricFlow

在本书中，我们将聚焦于开源和商业工具。我们将在所有重要的自动化和编排相关活动中使用 Jenkins 和 Visual Studio Team Services。

1.5　DevOps 评估问题

DevOps 是一种文化，我们对此已经很了解。但是，在实施自动化、制定过程和发展文化之前，我们必须理解组织文化的现状，以及是否有必要引入新过程或者自动化工具。

我们必须非常清楚，我们需要的是使现有文化变得更加高效，而不是输入文化。在本书的篇幅中可能很难容纳一整个评估框架，但是我们将尽力提供一些问题和提示，并以此为基础，创建一个评估框架就会更容易。

创建需要提出的问题类别，并根据具体应用得出答案。

下面是几个问题的例子。

1. 你是否遵循敏捷原则？
2. 你是否使用源代码库？
3. 你是否使用静态代码分析工具？
4. 你是否使用构建自动化工具？
5. 你使用场内基础设施还是基于云的基础设施？
6. 你使用配置管理工具、安装应用程序软件包的脚本还是运行时环境？
7. 你是否使用自动化脚本在生产和非生产环境中部署应用程序？
8. 你是否使用应用程序生命期管理的编排工具或者脚本？

9. 你是否使用功能测试、负载测试、安全性测试和移动测试的自动化工具？

10. 你是否使用应用程序和基础设施监控工具？

一旦问题就绪，就准备答案，并根据上述问题的每个答案确定等级。

保证框架的灵活性，即使我们改变任何类别中的一个问题，也能够自动地管理。

评出等级之后，在框架中引入不同的条件和智能，捕捉答案并计算总体等级。

创建各个分类的最终等级，根据最终等级创建不同类型的图表，使其更容易理解。在这里，需要注意的是，组织在应用程序生命期管理各领域中的专业能力。这将为评估框架提供一个新的维度，以增加智能，使其更为高效。

1.6 小结

在本章中，我们设定了本书要实现的许多目标。我们介绍了持续集成、云环境中的资源配给、配置管理、持续交付、持续部署和持续监控。

> 设计目标是将愿景清晰化的第一步。
>
> ——Tony Robbins

我们已经看到，云计算是如何改变过去对创新的认知方法，它现在已经变成了切实可行的方案。我们还简要介绍了 DevOps 的必要性和各种不同的 DevOps 实践。人、过程和技术在改变组织现有文化的过程中也很重要。我们试图指出它们的重要性。工具很重要，但不能止步于此；可以利用任何工具集，改变文化并不需要特定的工具集。我们也简要地讨论了 DevOps 的评估框架，它将帮助你沿着文化变革的道路前进。

> 信念，就是在你还没有看到整个楼梯的时候走出第一步。
>
> ——马丁·路德·金

在下一章中，我们将迈出本次旅程的第一步——持续集成。我们将使用 Jenkins 和 Microsoft Visual Studio Team Services 实施持续集成，验证如何用不同的工具实施 CI，而又无须面临重大的挑战。

第 2 章
持续集成

> 发挥潜力的关键是持续的努力，而不是力量或者才智。
>
> ——温斯顿·丘吉尔

在本章中，我们将介绍如何安装持续集成服务器 Jenkins，并执行与编译、单元测试集成、代码分析、创建包文件相关的任务。我们还将介绍使用 Microsoft 技术栈进行的持续集成。本章的目标是获得尽可能多的持续集成相关信息，因为它是其余自动化工作的基础。下面是我们将要介绍的主题：

- 安装 Jenkins 2；
- 创建和配置基于 Maven 的 JEE Web 应用；
- 集成 Jenkins 和 SonarQube；
- 从 Jenkins 执行命令行操作；
- 用 VSTS 执行持续集成。

让我们从了解 Jenkins 开始，这是一种持续集成服务器，最近（Jenkins 2.0 之后）已经兼具了自动化服务器的功能。

2.1 安装 Jenkins 2

下面是安装 Jenkins 的步骤。

1. 安装 Java Development Kit 8 并设置环境变量 JAVA_HOME。在命令提示行或者终端上，执行 java –version、javac 和 Java 命令，验证 Java 是否正常安装。从 Jenkins 网站下载 jenkins.war。

2. 执行 java –jar Jenkins.war，以运行 Jenkins。等待 Jenkins 完全运行。

3. Jenkins 正常运行后，打开浏览器访问：

http://<localhost/IP_ADDRESS>:8080.

4. 我们必须先解锁 Jenkins，才能继续配置。从给定的文件位置复制密码，或者从执行 java 的控制台 / 终端复制。

5. 输入管理员密码并单击 **Continue**。

6. 安装建议的插件，或者选择插件安装。

如果我们在防火墙之后，系统就将询问 **Proxy Settings**，这样我们才能下载必要的插件。如果熟悉 Jenkins，我们可以完全跳过插件安装，在以后需要的时候再安装。这将使配置更快完成。在代理服务器之后，我们可能在下载某些插件时遇到一个问题。在那种情况下，确定这些插件，使用 **Select Plugins to Install** 选项，避免无尽的等待或者配置失败。

7. 一旦完成了插件安装过程或者跳过它，我们需要创建第一个管理用户。在 Jenkins 2 之后，插件安装和安全性配置是初始设置的一部分，也是迈向成熟工具的一步。

8. 提供必要的用户细节，单击 **Save** 和 **Finish**。现在，Jenkins 已经准备就绪，设置完成。我们可以开始使用 Jenkins，这是第一次遇到 Jenkins 仪表盘。

我们可以管理 Jenkins 相关配置，如工具配置、安全性配置、创建构建作业、管理插件和管理代理（Agent）。

下面是 Jenkins 仪表盘的屏幕截图，如图 2-1 所示。

图 2-1

我们将在自动化目标中使用 Java/JEE 样板应用。首先，我们需要告诉 Jenkins 可安装文件的位置，这是执行某些任务所必需的。由于在这个应用中使用了 Maven 构建工具，我们还需要 Maven 可安装文件夹。下载 Apache Maven。

进入 Jenkins 仪表盘的 **Manage Jenkins**，单击 **Global Tool Configuration**。单击 **Add JDK**。我们已经安装了 JDK，所以可以给出 JAVA_HOME 的路径，这样 Java 就正常配置好了。

2.1.1 Jenkins 中的全局工具配置

在这部分中，我们将配置创建构建作业时需要利用的各种工具，如 Java、Ant、Maven 等，如图 2-2 所示。

图 2-2

我们也可以从 **Jenkins** 仪表盘上安装这些工具。如果我们有两个不同的应用程序，一个需要用 JDK 1.7 编译，另一个用 JDK 1.8 编译，该怎么做？可以添加多个 DJK，在创建一个**构建作业**、指定该作业执行时利用那一个 JDK。

配置好 Java 之后，下一个任务是配置 **Maven**，如图 2-3 所示。

图 2-3

现在，我们已经配置了 Jenkins 中的不同工具，将用 **Jenkins** 仪表盘创建一个新的作业或者项目，为基于 JEE 的应用程序配置持续集成。

2.2 创建和配置基于 Maven 的 JEE Web 应用程序

在这一小节中，我们将创建一个基于 Maven 的 Jenkins 构建作业，执行 pom. xml 文件进行编译、单元测试并创建一个包文件。让我们开始吧！

在 Jenkins 仪表盘上，单击 **New Item**，如图 2-4 所示。

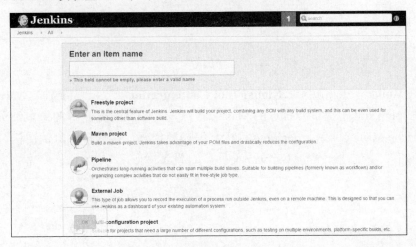

图 2-4

因为这是一个基于 Maven 的项目，我们将选择 **Maven Project** 模板。如果是基于 Ant 的应用程序或者其他自动化任务，可以选择 **Freestyle Project** 模板以创建构建作业。选择 **Maven Project** 并单击 **OK**，将打开构建作业配置页面，如图 2-5 所示。

图 2-5

在 **Source Code Management** 中，提供 GitHub URL、SVN URL（首先安装版本控制插件）或者任何存储库的 URL。我们也可以访问文件系统上的可用代码，如图 2-6 所示。

图 2-6

在 **Build** 部分，选择在 **Global Tool Configuration** 部分已经配置的 **Maven 版本**。在 pom.xml 上提供要执行的 Maven 目标。关于 Maven 目标的更多细节请参考 Apache Maven 网站。**package** 目标将编译源代码，执行单元测试用例，并在 Java 上下文中创建一个包或者 war 文件，如图 2-7 所示。

图 2-7

在作业配置页面中单击 **Apply** 和 **Save**。单击仪表盘上的 **Build Now** 链接。在同一页中验证 **Build History**。第一个构建将开始进行。

单击进度条，转向 **Jenkins** 仪表盘上的控制台输出。

系统将开始从存储库中读取代码，并将其放入本地工作区。如果读取代码成功，就在 **Project** 仪表盘或者 **Build** 仪表盘上检查**工作区**。

等待 Maven 的 **package** 目标在 Jenkins 中执行，将编译所有资源文件，执行用 Junit 编写的单元测试用例，并创建一个需要在 Tomcat 或者 JBoss 上部署的 WAR 文件，如图 2-8 所示。

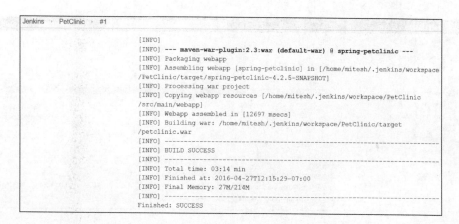

图 2-8

一旦构建成功，我们的第一个目标就实现了，那就是持续集成。如果因为 Maven 下载而导致失败，则检查 Maven 相关的设置。如果 Jenkins 安装于代理服务器之后，则在 Apache Maven 配置文件中给出代理服务器细节，使其可以访问 Maven 存储库、下载必要的文件。

2.2.1 Jenkins 中的单元测试用例结果

要检查单元测试的执行情况，可以转到 **Project** 仪表盘，验证已经成功执行的构建。单击 **Test Result（no failures）**，如图 2-9 所示。

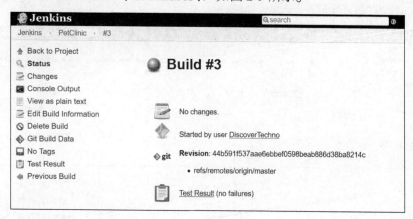

图 2-9

系统将根据包给出一个 **Test Result** 列表。如果想要获得更多细节，则进入具体的包，验证结果，如图 2-10 所示。

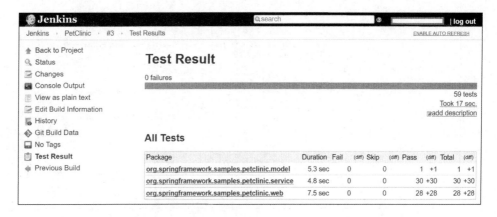

图 2-10

2.2.2 Jenkins 中的主代理架构

我们来考虑一个场景：我们有特定的工具，位于不同的服务器上，这些工具是应用程序生命期管理的某个重要阶段的一部分。这种情况下，我们可以使用 Jenkins 服务器作为一个主节点，包含特定工具的服务器作为代理。这样，Jenkins 主节点可以访问在其他服务器上的可用资源，执行特定的操作。

进入 **Manage Jenkins**，单击 **Manage Nodes**。我们可以看到 Jenkins 安装在 **master** 节点上。要增加具有不同操作系统和工具集的新节点，必须单击 **New Node**，如图 2-11 所示。

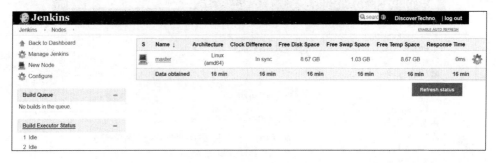

图 2-11

给定一个节点名称，并选择为 **Permanent Agent**。单击 **OK**。输入 **Name**、**Labels** 和 **Remote root directory**。远程根目录是存储代理上所有执行细节的目录，类似于代理节点上的 JENKINS_HOME 工作区目录，如图 2-12 所示。

单击 **Save**；进入 **Security Configuration** 和 **Enable Slave Agent Port**——

JNLP 代理的 TCP 端口（保持随机端口，不能是禁用状态），如图 2-13 所示。

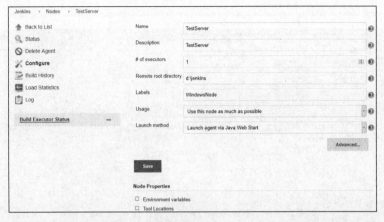

图 2-12

图 2-13

进入 Jenkins 主节点的代理配置页面。复制 **Run from agent command line** 下的命令，如图 2-14 所示。

图 2-14

在代理机器下载 slave.jar 并执行命令，如图 2-15 所示。

图 2-15

代理连接到控制台之后，在 Jenkins 主节点也进行验证，如图 2-16 所示。

S	Name ↓	Architecture	Clock Difference	Free Disk Space	Free Swap Space	Free Temp Space	Response Time	
	master	Linux (amd64)	In sync	8.60 GB	1.92 GB	8.60 GB	0ms	
	TestServer	Windows 8 (amd64)	In sync	N/A	3.56 GB	133.27 GB	2562ms	
	Data obtained	8 min 25 sec	8 min 25 sec	8 min 25 sec	8 min 22 sec	8 min 25 sec	8 min 25 sec	

图 2-16

代理连接到主节点之后，我们可以指定由代理执行的构建作业。执行之前，我们必须确保执行所需的所有工具已经在 Jenkins 主节点上配置，主节点可以使用这些可安装组件执行作业。

在作业配置中，我们可以选择 **Restrict where this project can be run** 复选框，并为代理提供 **Label Expression**，如图 2-17 所示。

在代理的 **Node** 页面，我们可以提供 **Tool Locations**，如图 2-18 所示。

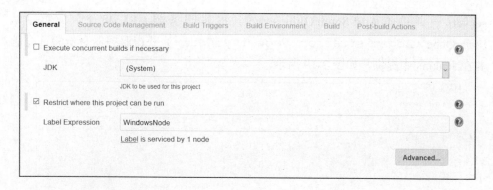

图 2-17

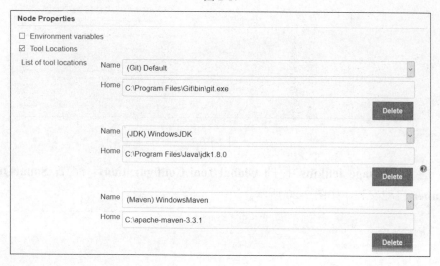

图 2-18

我们可以使用这些代理进行静态代码分析或者测试执行，在代理上可以安装不同工具，然后指定其执行某项作业。下一小节介绍 SonarQube。

2.3　集成 Jenkins 和 SonarQube

我们首先来看看如何在 Jenkins 中配置 SonarQube，以便从 Jenkins 触发它，执行静态代码分析。

进入 **Manage Jenkins**，单击 **Manage Plugins**，然后单击 **Available** 选项卡。找到 SOnarQube 插件并安装之。

转到 **Manage Jenkins**，然后单击 **Configure System**。找到 **SonarQube**

servers 段并单击 **Add SonarQube** server。提供**服务器 URL** 和登录凭据。从 SonarQube（`Administration|Security|Users`）获得服务器身份验证令牌并在 Jenkins 中提供，如图 2-19 所示。

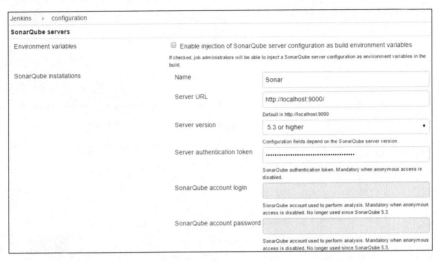

图 2-19

进 入 **Manage Jenkins** 中 的 **Global Tool Configuration**，配 置 **SonarQube Scanner** 自动安装，如图 2-20 所示。

图 2-20

在 Jenkins 中创建一个新的自由式作业。配置安装 SonarQube 代理的 JDK 路径。

安装 Quality gate 插件。通过配置该插件，我们可以在 SonarQube 分析失败时放弃 Jenkins 构建作业。

配置项目存储库 URL。进入作业配置，在 **Build** 步骤中添加 **Execute SonarQube Scanner**。选择 **JDK**，并输入 sonarproject.properties 的路径或者提供 **Analysis properties**，如图 2-21 所示。

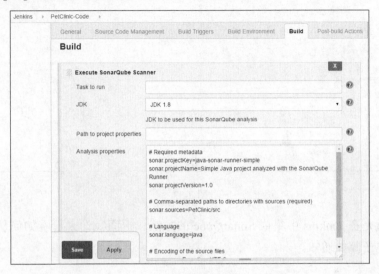

图 2-21

在 **Post-build Actions** 中，选择 **Quality Gates**。

输入在分析属性或者 sonarproject.properties 中给出的 **Project Key**，如图 2-22 所示。

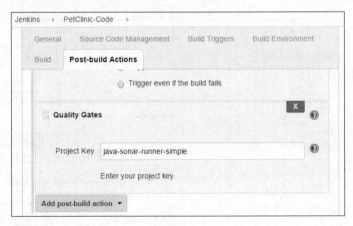

图 2-22

单击 **Build now**，在 Jenkins 中验证构建执行结果。

转到 SonarQube 服务器。在**仪表盘**中验证代码分析，如图 2-23 所示。

图 2-23

这就是在 Jenkins 中集成 SonarQube 的方法。下面我们来看看如何从 Jenkins 中发送电子邮件通知。

2.4　Jenkins 中的电子邮件通知

我们来看看，如何配置电子邮件通知，向特定的利益相关方发送作业执行状态。进入 **Manage Jenkins**，单击 **Configure System**，配置图 2-24 所示的电子邮件设置。

图 2-24

在 **Post-build Actions** 中，选择 **E-mail Notification** 并配置 **Recipients**，保存，如图 2-25 所示。

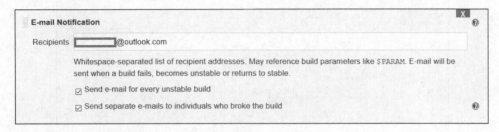

图 2-25

如果构建不稳定，我们可以发送一个通知，也可以发送电子邮件给破坏构建的人。

在下一小节中，我们将了解如何使用 **Visual Studio Team Services**（**VSTS**）执行持续集成。

2.5 用 Visual Studio Team Services 执行持续集成

我们常常说，DevOps 与工具无关。所有工具都执行相同的操作，只有一些微小的差异或者灵活性。我们将了解如何用 VSTS 执行持续集成。

在 VSTS 创建一个**账户**，创建一个名为 PetClinic 的**项目**。

2.5.1 Eclipse 和 VSTS 集成

在本节中，我们将了解如何集成 Eclipse 和 VSTS，这样就可以从本地系统向 VSTS 提交代码。

下载 Eclipse，打开它，单击 **Help** 菜单。选择 **Install New Software**。

添加一个站点，在 Eclipse 中下载 TFS 插件，以便从 Eclipse 直接向 VSTS 提交代码。

选择 **Team Explorer Everywhere**，并单击 **Next**，如图 2-26 所示。

查看 **Install Details**，并单击 **Next**。

查看 **Licenses** 和 **Accept Terms**，并单击 **Finish**。

等待安装完成并重启 Eclipse。

在 Eclipse 中，转到 **Window | Perspective | Open Perspective | Other... | Select TeamFoundation Server Exploring**。

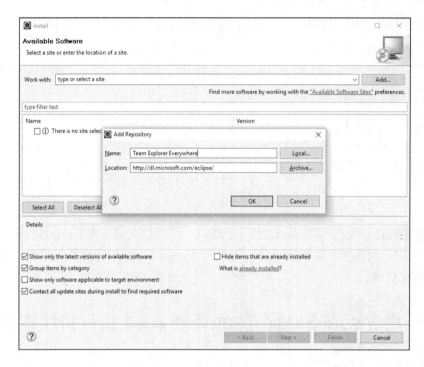

图 2-26

单击 **Connect to Team Services or a Team Foundation Server**，我们将连接到团队服务，如图 2-27 所示。

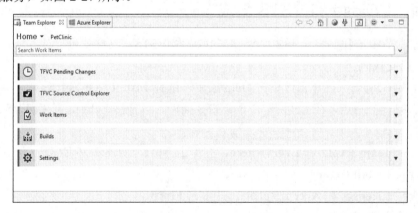

图 2-27

在 **Team Foundation Server** 列表中单击 **Add...**。提供 VSTS 账户的 **URL**，如图 2-28 所示。

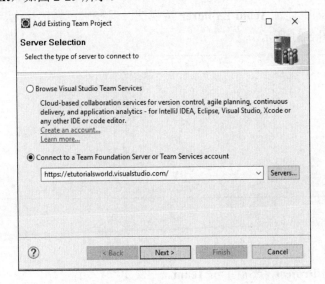

图 2-28

系统将连接到 VSTS 账户，并询问凭据。

连接成功之后，我们可以从 Eclipse 连接到服务器。

单击 **Next**，如图 2-29 所示。

图 2-29

从列表中选择一个团队项目。

单击 **Finish**，如图 2-30 所示。

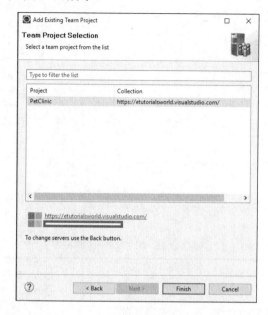

图 2-30

在浏览器中转到 VSTS 账户，验证 Project 文件夹中的现有数据。

在 Eclipse 中验证 **Team Explorer** 透视图。现在它已经连接上，我们可以执行操作，如图 2-31 所示。

图 2-31

在其他操作之前，将 PetClinic 代码导入 Eclipse。

右键单击 **Project**，然后单击 **Team**。

选择 Share Project。

在 **Select a repository type** 插件对话框中选择 **Team Foundation Server**。

单击 **Next**，如图 2-32 所示。

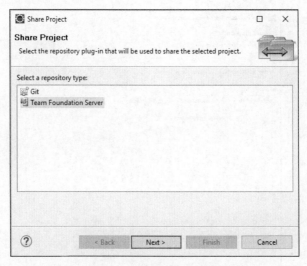

图 2-32

在 **Team Project Selection** 对话框中选择我们最初于 VSTS 中创建的团队项目，如图 2-33 所示。

图 2-33

选择共享项目的服务器位置，如图 2-34 所示。

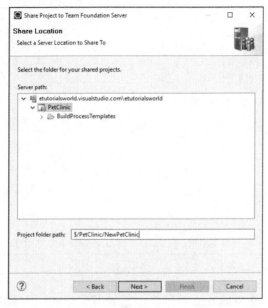

图 2-34

查看共享配置并单击 **Finish**。

完成后，转到 **Team Explorer** 透视图，并在提供注释之后单击 **Check In**，如图 2-35 所示。

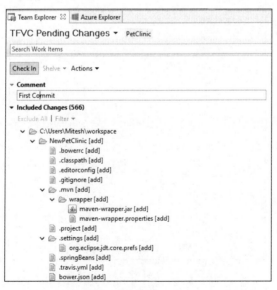

图 2-35

确认签入。

在 Eclipse 中验证签入，附近文件的图标将变化，表示这些文件在上一次签入之后没有改变过。

在 VSTS 中验证所有文件，如图 2-36 所示。

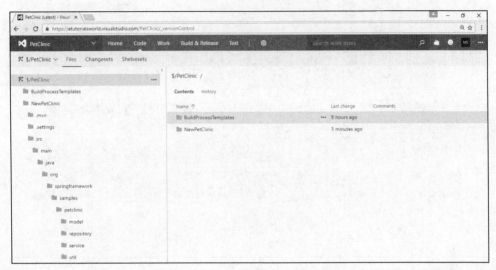

图 2-36

一旦代码出现在 VSTS 的代码部分，我们就可以很容易地在 VSTS 中配置持续集成。

2.5.2　VSTS 中的持续集成

本质上，我们将遵循开发人员用 IDE 分享存储库中代码的过程。VSTS 将触发构建定义执行，并将根据配置执行源文件编译、单元测试执行以及其他任务，创建一个包文件，如图 2-37 所示：

在 VSTS 中，我们必须为持续集成创建构建定义。从浏览器中转到 VSTS 账户。

单击 **PetClinic** 项目，如图 2-38 所示。

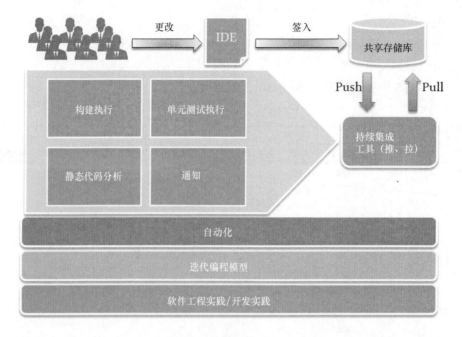

图 2-37

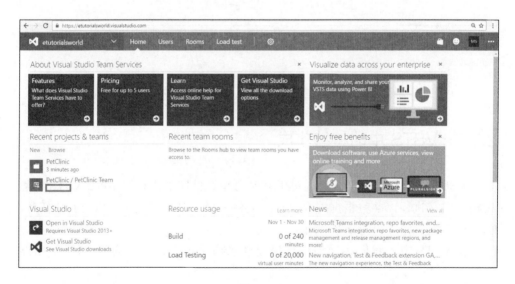

图 2-38

单击顶部菜单栏中的 **Build & Release**，选择**构建项目**，如图 2-39 所示。

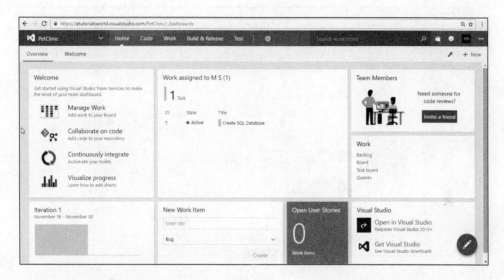

图 2-39

目前没有任何可用的构建定义。单击 **+ New Definition** 创建新定义，如图 2-40 所示。

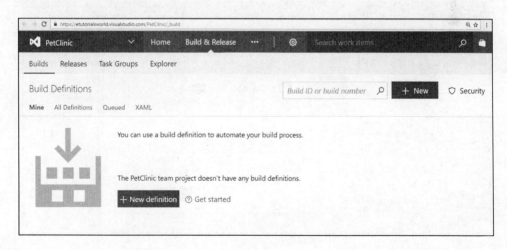

图 2-40

我们有基于 Maven 的项目，所以将选择 **Maven** 构建定义模板，如图 2-41 所示。

图 2-41

选择 **Repository source**，如图 2-42 所示。

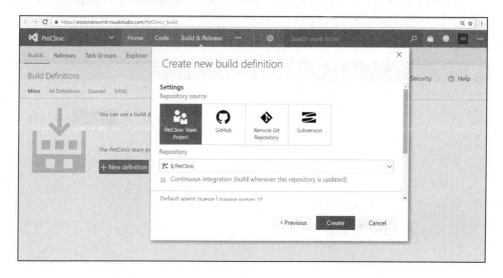

图 2-42

选中 **Continuous Integration（build whenever this repository is updated）** 复选框，单击 **Create**，如图 2-43 所示。

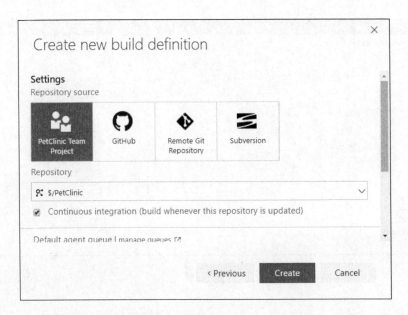

图 2-43

这将以**编辑**模式打开构建定义。

在 Maven 构建步骤，验证 pom.xml 文件位置，如图 2-44 所示。

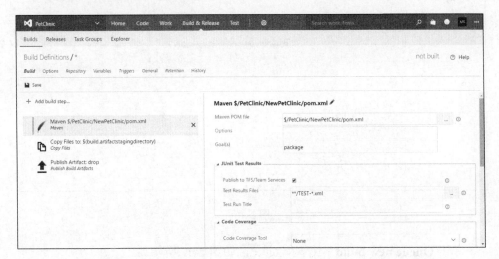

图 2-44

单击 **Triggers** 部分，验证 **Continuous Integration (CI)**，如图 2-45 所示。

图 2-45

单击 **Save** 按钮，为构建定义取一个合适的名称，如图 2-46 所示。

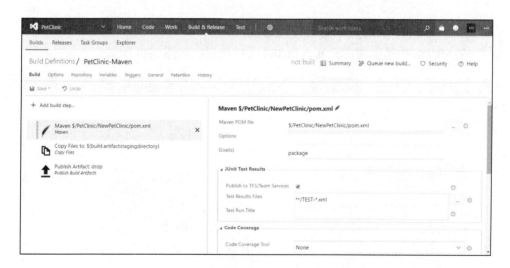

图 2-46

单击 **Queue new build** 执行构建定义，如图 2-47 所示。
等待可用的代理执行构建定义，如图 2-48 所示。
等到构建执行完全成功，如图 2-49 所示。

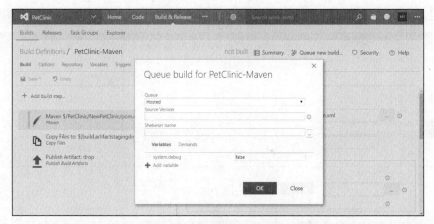

图 2-47

图 2-48

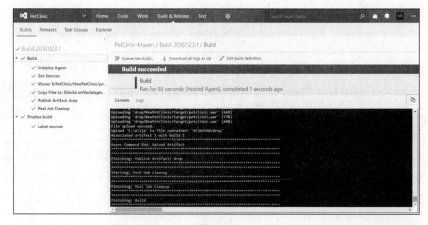

图 2-49

进入 **Builds** 部分，验证构建结果，如图 2-50 所示。

图 2-50

验证构建定义执行**摘要**。这是在托管的代理上执行的。所有必要的运行时组件都在托管代理上，如图 2-51 所示。

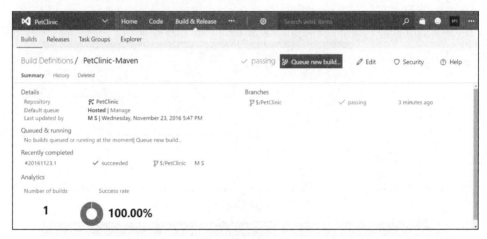

图 2-51

验证构建定义执行历史，找出单元测试执行结果，如图 2-52 所示。

进入 VSTS 的 **Test Plans** 部分，单击 **Recent test runs**，找出单元测试执行的更多细节，如图 2-53 所示。

现在，我们的任务完成了。

我们已经使用 VSTS 实现了基于 Spring 的 Java Web 样板应用的持续集成。

Jenkins 和 VSTS 在执行自动化的方式上相同。因此，对一种工具的理解总是有助于理解其他任何工具，这也证明了我们对 DevOps 与工具无关的信念。它是与人、过程、思维方式和工具相关的。

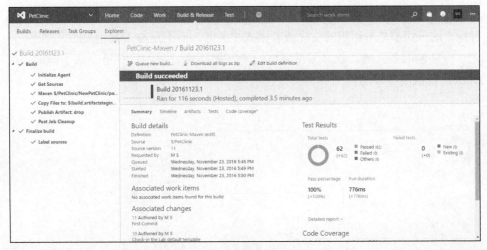

图 2-52

图 2-53

2.6　小结

Marcel Proust 曾有这样的名言：

> 真正的发现之旅并不是寻找新的风景，而是要有新的眼光。

我们将改变应用程序包的创建方式。我们可能必须经历相同的规程，以创建包、WAR 文件、APK 文件或者 IPA 文件。因此，我们寻找的不是新的风景。但是，我们需要找出一种有效的方式，高效地完成这一过程，因此需要利用新的眼光去寻找。

在本章中，我们详细描述了如何用 Jenkins 和 Visual Studio Team Services 执行持续集成。我们已经看到了单元测试执行的结果以及在 Jenkins 和 Visual Studio Team Services 创建包的方法。最重要的是，我们必须将持续集成作为一种 DevOps

实践来考虑，它并不需要特定的工具。我们可以使用任何自动化工具实现相同的目标。这一切都是与组织的文化或者模式相关的，而不是与工具相关的。

一旦包准备就绪，就必须准备好一个部署环境。我们将在下一章了解如何用 Docker 容器准备环境。

第 3 章
容器

> 在商业中使用任何技术的第一原则是，应用于高效运营的自动化技术将放大效率；第二条原则就是，应用于低效运营的自动化措施将放大无效的功能。
>
> ——比尔·盖茨

迄今为止，我们已经了解了 DevOps 实践和持续集成。但是，最近，容器成为了一个流行词，每个人都希望有第一手的经验，主要原因是为了高效地利用资源。Docker 是用于操作系统虚拟化的一个开源产品，可以自动化应用程序在软件容器中的部署。在 Dev 或者 QA 环境中，运用容器以得到更高的资源利用率，是极其实用的。

在本章中，我们将尝试安装和创建一个样板容器，目标是熟悉 Docker 容器，对容器在应用部署中的用途有所感觉。

本章提供容器的简单概述。我们将聚焦于如下主题：

- Docker 容器概述；
- 理解虚拟机和容器之间的差别；
- Docker 的安装与配置；
- 创建一个 Tomcat 容器。

3.1 Docker 容器概述

Docker 提供隔离的用户控件，从而提供基于用户的进程、控件和文件系统。在后台，Docker 共享 Linux 主机内核。图 3-1 说明了 Docker 容器的工作机制：

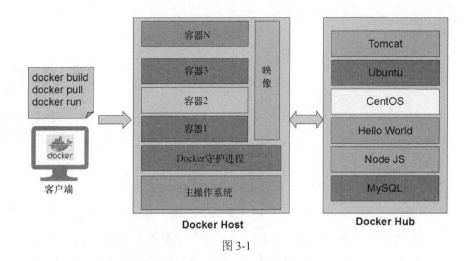

图 3-1

Docker 有两个主要组件，采用客户端—服务器架构：

- **Docker Host**。
- **Docker Hub**。

下面我们更详细地了解一下它们。

- **Docker Host**：Docker Host 包含 Docker 守护进程、容器和映像。Docker 引擎是提供 Docker 核心技术的重要组件。这种核心技术实现了映像和容器。当我们成功安装 Docker，可以运行一条简单的命令。我们将考虑使用 CentOS 作为容器。使用 docker 命令 run -i -t <image> /bin/bash，在 CentOS 映像中运行交互式命令行解释器：
  - -i 标志启动交互式容器。
  - -t 标志创建一个连接到 stdin 和 stdout 的伪终端。
  - image 是一个 CentOS 映像。
  - /bin/bash 启动命令行解释器。

    运行这个命令时，系统将验证本地有无可用的 CentOS 映像。如果不可用，将从 Docker Hub 下载映像。

    映像具有一个文件系统和可在运行时使用的参数，而容器是映像的一个有状态实例。很容易理解，容器是变化的，而映像是不变的。

- **Docker Hub**：Docker Hub 是一个用于 Docker 容器共享和管理的软件即服务（SaaS）产品，是由 Docker 提供的集中注册表服务。作为用户，我们可以用它构建和交付应用程序。这使我们可以创建一个流水线，集成代码存储库，进行协作、映像发现和自动化。

3.2 理解虚拟机和容器之间的差别

在我们开始 Docker 安装和容器创建之前，理解容器的不同之处以及与虚拟机的差异是很有帮助的。

我们先来了解一下虚拟机和容器的根本差别。

3.2.1 虚拟机

在**虚拟机（VM）**中，我们必须安装一个操作系统和相关的设备驱动程序；因此虚拟机的空间占用或者规模是巨大的。安装 Tomcat 和 Java 的常规 VM 可能占据多达 10GB 的硬盘空间，如图 3-2 所示。

图 3-2

内存管理和设备驱动程序有一定的开销。虚拟机具备常规物理机器运营所需的所有组件。

在虚拟机中，虚拟化管理器（Hypervisor）抽象资源。它不仅包含应用程序，还有必要的二进制文件和程序库，以及整个客户操作系统，如 CentOS 6.7 和 Windows 2003。

云服务提供商使用虚拟化管理器为 VM 提供标准运行时环境。Hypervisors 分为 1 类和 2 类。

3.2.2　容器

容器共享主机的操作系统和设备驱动程序，并从映像中创建，安装了 Tomcat 的容器尺寸小于 500MB，如图 3-3 所示。

图 3-3

容器在规模上较小，因此能够有效地提供更快的速度和更好的性能。它们抽象操作系统。

容器作为相互隔离的用户空间运行。用户空间中的过程和文件系统在主操作系统上，与其他容器共享内核。容器最优秀的方面是共享和资源利用率，由于开销较小，可用资源也更多。容器工作所需的资源很少。

Docker 使不同环境之间的应用程序移植更高效、更简便。

3.3　Docker 的安装与配置

我们将很快地在 Windows 10 上安装 Docker。例子中使用 Windows 家庭版；所以，必须从 https://www.docker.com/products/docker-toolbox 上下载 Docker 工具箱。

1.　单击 **Download** 按钮，如图 3-4 所示。

图 3-4

2.　重定向到 https://github.com/docker/toolbox/releases/tag/v.1.12.5 或者包含最新版本的页面。

3.　下载 **Docker 工具箱**。单击工具箱的 exe 文件进行安装，如图 3-5 所示。

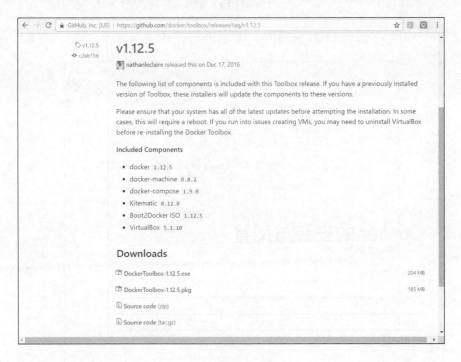

图 3-5

4.　单击欢迎页面上的 **Next**，如图 3-6 所示。

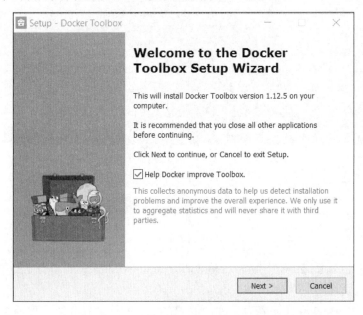

图 3-6

5.　选择安装 Docker 工具箱的位置，如图 3-7 所示。

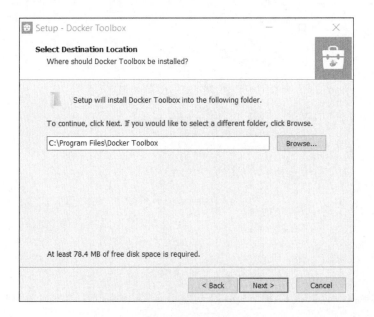

图 3-7

6. 保留所有安装默认组件，如图 3-8 所示。

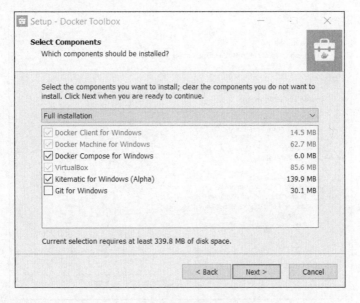

图 3-8

7. 选择要执行的其他任务，单击 **Next**，如图 3-9 所示。

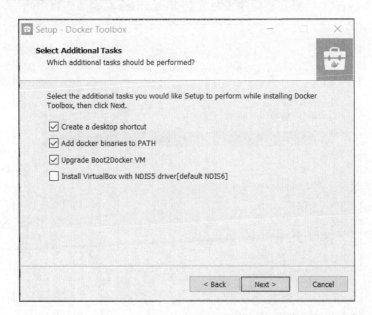

图 3-9

8.　单击 **Install**，如图 3-10 所示。

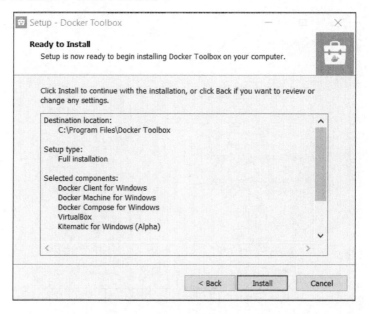

图 3-10

9.　Docker 工具箱安装程序还将安装 VirtualBox，如图 3-11 所示。

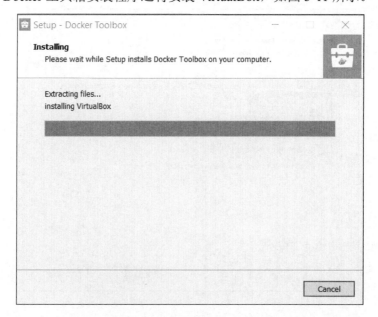

图 3-11

10.　单击 **Finish**，如图 3-12 所示。

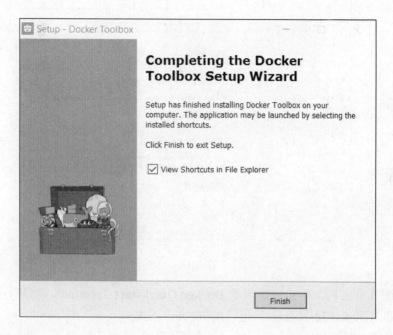

图 3-12

在开始 Docker 上的操作之前，我们必须在 Windows 系统上启用虚拟化技术，否则将出现如下错误：

- 创建 CA 时用：`C:UsersMitesh.dockermachinecertsca.pem`。
- 创建客户端证书时用 `C:UsersMitesh.dockermachinecertscert.pem`。
- `Running pre-create checks... Error with pre-create check: "This computer doesn't have VT-X/AMD-v enabled. Enabling it in the BIOS is mandatory" Looks like something went wrong in step'Checking if machine default exists'... Press any key to continue...`
- 转到 **Settings（设置）**，单击 **Advanced Startup（高级启动）**。启动系统。更改 BIOS 设置，启用虚拟化技术，如图 3-13 所示。

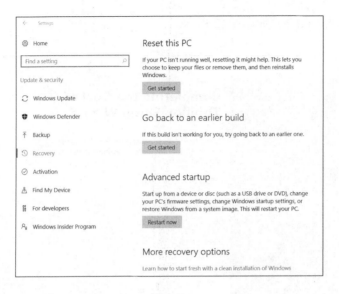

图 3-13

系统重启之后，单击桌面上的 **Docker Quickstart Terminal**，将运行预创建检查，并下载 boot2docker.iso，运行虚拟机。

所有正常配置和检查之后，Docker 将正常运行，如图 3-14 所示。

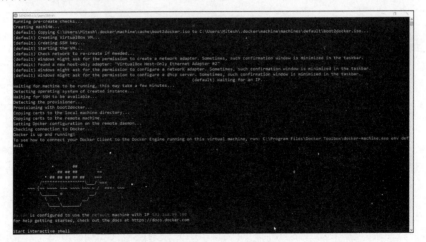

图 3-14

 在 CentOS 中安装 Docker 的细节可以阅读 "DevOps for web development"：https://www.packtpub.com/networking-and-servers/devops-web-development。

一旦 Docker 正常运行，我们就为创建 docker 容器做好了准备。记下默认 docker 机器的 IP 地址，如图 3-15 所示。

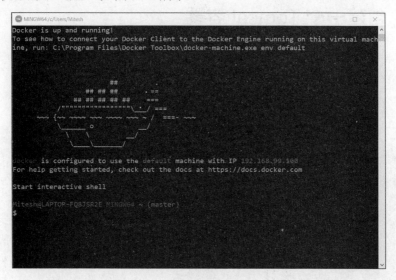

图 3-15

让我们来创建一个"你好，世界"样板容器。执行 docker run hello-world。如果看到"Hello from Docker!"信息，则我们已经成功创建了这个容器，如图 3-16 所示。

图 3-16

因为我们需要部署一个 JEE 应用，下一节将创建一个 Tomcat 容器。

3.4　创建一个 Tomcat 容器

在本节中，我们将创建一个安装了 Tomcat Web 服务器的容器，以便在其中部署基于 Java 的 Web 应用程序：

1.　在 Docker Hub 中创建一个账户并登录，如图 3-17 所示。

图 3-17

2.　我们可以从 Docker Hub 中搜索不同的映像，如图 3-18 所示。

图 3-18

3.　可以在 https://hub.docker.com/_/tomcat3./ 上找到 Tomcat 映像。

4.　用 Docker 的 pull 命令获得 Tomcat 映像：

docker pull tomcat

5.　Tomcat 映像可用后，用 docker images 命令验证，如图 3-19 所示。

图 3-19

6.　从映像中运行 docker 容器，可以使用 docker run -it --rm -p 8888:8080 tomcat:8.0 命令。

7.　在浏览器中，使用默认 docker 机器的 IP 地址和端口 8888，验证容器中的 Tomcat 是否正常运行，如图 3-20 所示。

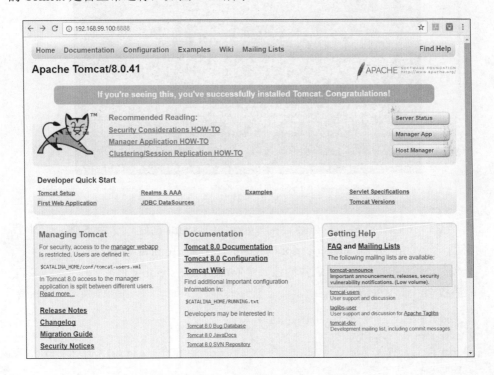

图 3-20

8.　执行 docker -machine ls 命令，可以得到虚拟机的 IP 地址。

让我们来验证一下，是否可以访问这个容器中的 Tomcat 管理器应用，如图 3-21 所示。

图 3-21

这里，我们所要做的是用自己的 tomcat-users.xml 创建一个新映像，其中我们将创建一个角色为 manager-script 的用户，以访问 Tomcat 管理器应用。

创建一个目录，进入目录并创建一个 tomcat-users.xml 文件。

在文件中添加如下内容：

```
<?xml version='1.0' encoding='utf-8'?>
<tomcat-users
xmlns="http://tomcat.apache.org/xml" xmlns:xsi="http://www.w3.org/2001/XMLS
chema-instance"
xsi:schemaLocation="http://tomcat.apache.org/xml tomcatusers.
xsd" version="1.0">
<!--
NOTE: The sample user and role entries below are intended for use
with the examples web application. They are wrapped in a comment and thus
are ignored when reading this file. If you wish to configure these users
for use with the examples web application, do not forget to remove the
```

```
<!....> that surrounds them. You will also need to set the passwords to
something appropriate.
-->
<role rolename="manager-script"/>
<user username="admin" password="admin@123" roles="manager-script"/>
</tomcat-users>
```

在同一目录创建名为 Dockerfile 的新文件，添加如下内容：

```
FROM tomcat:8.0
MAINTAINER Mitesh<xxxxxx.xxxxxx@gmail.com>
COPY tomcat-users.xml /usr/local/tomcat/conf/tomcat-users.xml
```

在 Docker 快速启动终端中，进入我们创建的目录。

执行 docker build -t devops_tomcat_sc。

成功构建映像之后，用 docker images 命令验证，如图 3-22 所示。

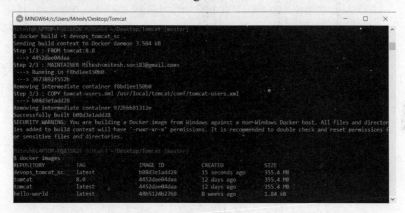

图 3-22

执行 docker run -it -p 8888:8080 devops_tomcat_sc:8.0，并用 docker ps -a 验证容器数量。

可以用 docker stop <container_name> 停止容器，如图 3-23 所示。

图 3-23

用 docker run -it -p 9999:8080 --name bootcamp_tomcat devops_tomcat_sc 命令，可以改变容器的名称。

用 docker ps -a 验证名称，如图 3-24 所示。

图 3-24

使用虚拟机 IP 地址和端口号 9999 访问容器中运行的 Tomcat，如图 3-25 所示。

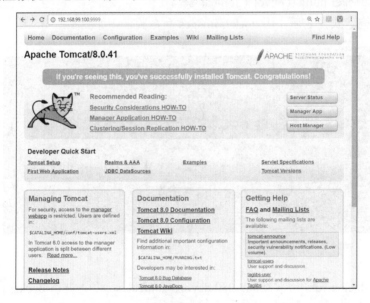

图 3-25

用如下 URL，验证 manager-script 角色的管理器访问权限，如图 3-26 所示。

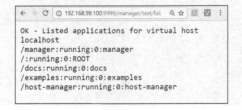

图 3-26

我们来尝试使用 Tomcat 中的 Deploy to Container 插件部署应用程序。如果一个构建作业生成 WAR 文件，则用 Copy artifact 插件从构建中复制该文件，如图 3-27 所示。

图 3-27

在 **Post-build Actions** 中，选择 **Deploy war/ear to a container**。输入 **tomcat-user.xml** 中提供的用户名和密码。输入 Tomcat URL。单击 **Apply/Save**，如图 3-28 所示。

图 3-28

单击 **Build Now**，如图 3-29 所示。

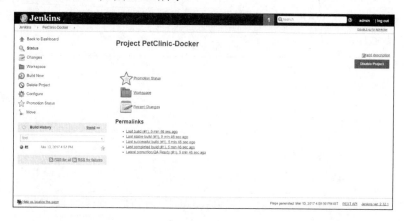

图 3-29

转到 **Console Output**，验证部署过程，如图 3-30 所示。

图 3-30

用 Tomcat URL 和应用程序上下文验证应用程序 URL，如图 3-31 所示。

图 3-31

现在，我们的工作完成了。

可以看到，我们已经创建了一个映像、一个容器，并在 Tomcat 容器中部署了应用程序。

3.5　小结

我们在本章中学到了如何在 Windows 10 中安装 Docker 容器，如何使用 Docker Hub 寻找公共领域中可用的镜像。

我们执行了"你好，世界"容器，验证 Docker 是否已经成功安装。验证 Docker 安装之后，我们使用 Docker hub 获取 Tomcat 映像，成功创建了一个 Tomcat 8 容器，并通过浏览器访问。

我们还使用 Jenkins 在 Tomcat 容器中部署了应用程序，目标是利用 docker 容器进行应用部署。

在下一章中，我们将介绍如何利用配置管理工具 Chef 设置运行时环境，以便在虚拟机中部署基于 Java 的 Web 应用。

第4章
云计算与配置管理

> 改变是很困难的，因为人们高估所拥有的东西的价值，低估放弃这些东西可能得到的价值。

> ——James Belasco 和 Ralph Stayer

在上一章中，我们已经看到了 Docker 容器的概述。在本章中，我们专注于云端应用部署环境的创建和配置。我们将使用**基础设施即服务（IaaS）**和配置管理工具 Chef 创建一个平台，在本书后半部分中运用自动化手段部署应用。

Chef 是一个配置管理工具，可用于为物理机器、虚拟基础设施或者公用 / 私有云基础设施上的应用程序部署创建运行时环境。

本章中，我们将介绍如下主题：

- Chef 配置管理工具概述；
- Chef 工作站的安装与配置；
- 用 Chef 工作站汇聚 Chef 节点；
- 用社区烹饪书（Cookbook）安装 Tomcat 包。

4.1 Chef 配置管理工具概述

Chef 是最流行的配置工具之一，它有两种风格：

- 开源 Chef 服务器；
- 托管 Chef。

在这里，我们的意图是说明如何为应用程序部署准备运行时环境。让我们从应用程序生命期管理的角度理解：

1. 在持续集成之后，我们准备好了一个基于 Java 的 Spring 应用程序。
2. 我们必须将应用程序部署到 Tomcat Web 服务器。
3. Tomcat 服务器可以安装在物理系统、虚拟化环境、Amazon EC2 实例或者 Microsoft Azure 虚拟机上。
4. 我们还需要安装 Java。

除了第 1 点之外，我们在这些步骤中必须人工进行安装和配置活动。为了避免此类重复，可以使用 Chef 配置管理工具，在 AWS 或者 Microsoft Azure 中创建一个虚拟机。然后安装 Tomcat 及所有相关组件，以便部署我们的基于 Java Spring 的应用程序。

我们先来了解一些 Chef 配置管理工具的基础知识，理解 Chef 的工作原理和执行各个步骤的方式。

Chef 配置管理工具有 3 个重要组成部分。

- **开源 Chef 服务器或者托管 Chef**：在场内安装的 Chef 或者托管 Chef 是安装运行环境自动化过程的核心，是集中化的烹饪书（Cookbook）及注册节点细节存储库。Chef 工作站用于上传烹饪书，对配置进行更改，使之可应用于 AWS 和 Microsoft Azure 中的可用节点。
- **Chef 工作站**：Chef 工作站是一个系统，我们在该系统上管理烹饪书和其他更改。我们可以从 Chef 工作站执行所有管理任务。Knife 用于将烹饪书上传到 Chef 服务器，执行插件命令。Knife 插件可用于执行 AWS 和 Microsoft Azure Cloud 中的不同操作。
- **节点**：节点是物理或者虚拟机器。这个虚拟机可以在虚拟化环境、Openstack 或者 VMware 支持的私有云或者 AWS/Microsoft Azure 等公共云中。
  - 节点与开源或托管 Chef 服务器通信。
  - 节点获取与自己相关的配置细节，然后根据这些配置执行各个步骤，保持自身状况与管理员所决定的一致。

在 Chef 官网（https://chef.io）上访问 Chef 主页。我们可以安装场内 Chef 服务器，自行管理，或者使用托管 Chef，如图 4-1 所示。

1. 单击 htts://chef.io 上的 **MANAGEMENT CONSOLE** 或者浏览 https://manage.chef.io/login。
2. 在 https://manage.chef.io/login 上，单击 **Click here to get started!**。

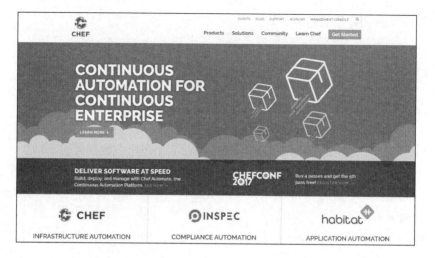

图 4-1

3. 提供**全名、公司名称、电子邮件 ID** 和用户名。

4. 选中 **I agree to the Terms of Service and the Master License and Services Agreement** 复选框。

5. 单击 **Get Started** 按钮。

屏幕截图如图 4-2 所示。

图 4-2

很明显，下一步是进入邮箱，验证电子邮件 ID，完成注册过程。我们将收到一封包含验证成功信息的电子邮件。

1. 提供密码，并单击 **Create User** 按钮。
2. 现在创建一个组织。
3. 单击 **Create New Organization**。
4. 提供组织的全名和短名。
5. 单击 **Create Organization** 按钮。

屏幕截图如图 4-3 所示。

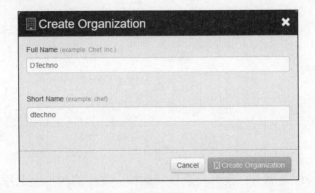

图 4-3

现在，下载启动工具包，如图 4-4 所示。

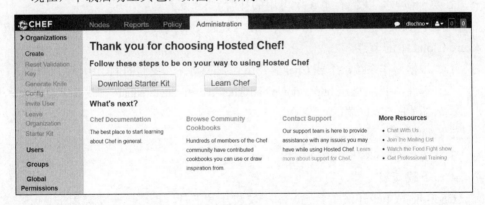

图 4-4

1. 单击 **Download Starter Kit**。
2. 我们将看到一个确认对话框；单击 **Proceed**。
3. 验证托管 Chef 上的可用操作。
4. 我们还没有配置任何节点，所以节点列表为空。单击 **Nodes**。一旦创建并注册节点，我们将在 Chef 服务器或者托管 Chef 上看到所有相关细节。

5. 转到 **Administration** 菜单，单击侧栏中的 **Users**。

6. 验证注册时创建的用户名、全名和电子邮件 ID，如图 4-5 所示。

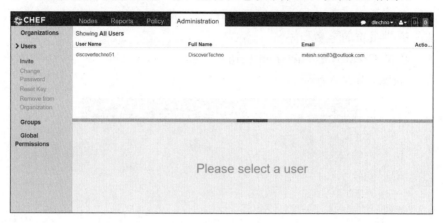

图 4-5

检查 **Reports** 选项卡，没有发现任何数据。发生这种情况的原因是汇聚的过程尚未进行，因而没有数据。在汇聚过程中，节点根据 Chef 服务器上的可用配置成为相容节点。

在这一阶段，我们有了一个可用的托管 Chef 账户。

现在，我们配置 Chef 工作站，以便与托管 Chef 通信，汇聚 AWS 和 Micrsoft Azure Cloud 中的节点。

1. 根据操作系统，下载 Chef 客户端可安装文件。我们的例子中使用 CentOS；因此，我们将从 https://downloads.chef.io/chef-client/redhat/ 下载 Red Hat 版本的 Chef 客户端。

2. 选择操作系统类型。

3. 选择 Chef 客户端版本。

4. 下载安装文件。

Chef-dk（Chef 开发工具包）用于安装开发工具，也可用于安装用于 AWS 和 Microsoft Azure 的 Knife 插件。从 https://downloads.chef.io/chef-dk/ 下载这个工具包。它将帮助我们安装 knife-ec2 和 knifeazure 插件，这样我们就可以在云环境中创建和管理虚拟机。

准备好 Chef 客户端和 Chef 开发工具包的可安装文件，且有可用的托管 Chef 账户之后，我们就可以安装和配置 Chef 工作站了。下一小节将完成这项工作。

4.2　Chef 工作站的安装与配置

我们先验证 Chef 客户端是否已经安装在要配置 Chef 工作站的系统或虚拟机上。

1.　执行 chef-client -version 命令；如果我们得到 "command not found"（命令未找到）错误，就意味着 Chef 客户端没有安装。如果安装了 Chef 客户端，命令应该给出版本号。

```
[mitesh@devops1 Desktop]$ chef-client -version
bash: chef-client: command not found
```

2.　进入 Chef 客户端可安装文件所在目录。

```
[mitesh@devops1 Desktop]$ cd chef/
[mitesh@devops1 chef]$ ls
chef-12.9.41-1.el6.x86_64.rpmchefdk-0.13.21-
1.el6.x86_64.rpm
```

3.　用 rpm -ivh chef-<version>.rpm 运行 Chef 客户端 RPM。

```
[mitesh@devops1 chef]$ rpm -ivh chef-12.9.41-
1.el6.x86_64.rpm
warning: chef-12.9.41-1.el6.x86_64.rpm: Header
V4DSA/SHA1 Signature, key ID
83ef826a: NOKEY
error: can't create transaction lock on
/var/lib/rpm/.rpm.lock (Permission
denied)
```

4.　如果安装 Chef RPM 时没有权限，使用 sudo 运行该命令。

```
[mitesh@devops1 chef]$ sudo rpm -ivh chef-12.9.41-
1.el6.x86_64.rpm
[sudo] password for mitesh:
warning: chef-12.9.41-1.el6.x86_64.rpm: Header
V4DSA/SHA1 Signature, key ID
83ef826a: NOKEY
Preparing...
######################################### [100%]
1:chef
######################################### [100%]
Thank you for installing Chef!
```

5.　成功安装之后，验证 Chef 客户端版本，这一次我们将得到 Chef 客户端的版本号。

```
[mitesh@devops1 chef]$ chef-client -version
Chef: 12.9.41
```

现在，我们将使用创建托管 Chef 账户时下载的 Chef 启动工具包。

1. 解压 chef-repo。将 .chef 目录复制到根目录或者用户文件夹，如图 4-6 所示。

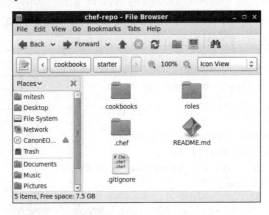

图 4-6

2. 验证 chef-repo 目录下是否有 cookbooks 文件夹，如图 4-7 所示。

图 4-7

3. 在 .chef 文件夹中，用编辑器打开 knife.rb 文件，该文件包含各种不同的配置。在必要时修改 cookbooks 目录路径。

```
current_dir = File.dirname(__FILE__)
log_level                 :info
log_locationSTDOUT
node_name"discovertechno51"
client_key"#{current_dir}/discovertechno51.pem"
validation_client_name"dtechno-validator"
```

```
validation_key"#{current_dir}/dtechno-validator.pem"
chef_server_url"https://api.chef.io/organizations/dtechno"
cookbook_path          ["#{current_dir}/../cookbooks"]
```

这样，我们就完成了 Chef 工作站的配置。下一步是用它汇聚节点。

4.2.1　用 Chef 工作站汇聚 Chef 节点

在本节中，我们将用 Chef 工作站，在节点（物理 / 虚拟机器）上建立运行时环境。

登录到 Chef 工作站。

1.　打开终端，执行 ifconfig 命令验证 IP 地址：

```
[root@devops1 chef-repo]#ifconfig
eth3        Link encap:EthernetHWaddr00:0C:29:D9:30:7F
inetaddr:192.168.1.35Bcast:192.168.1.255Mask:255.255.255.0
inet6addr: fe80::20c:29ff:fed9:307f/64 Scope:Link
            UP BROADCAST RUNNING MULTICAST MTU:1500Metric:1
            RX packets:841351errors:0dropped:0overruns:0frame:0
            TX packets:610551errors:0dropped:0overruns:0carrier:0
collisions:0txqueuelen:1000
            RX bytes:520196141 (496.0 MiB)
            TX bytes:278125183 (265.2 MiB)
lo          Link encap:Local Loopback
inetaddr:127.0.0.1Mask:255.0.0.0
inet6addr: ::1/128 Scope:Host
            UP LOOPBACK RUNNING MTU:65536Metric:1
            RX packets:1680errors:0dropped:0overruns:0frame:0
            TX packets:1680errors:0dropped:0overruns:0carrier:0
collisions:0txqueuelen:0
            RX bytes:521152 (508.9 KiB) TX bytes:521152 (508.9 KiB)
```

2.　用 knife -- version 验证 Chef 工作站上安装的 knife 版本。

```
[root@devops1 chef]#knife --version
Chef: 12.9.41
```

3.　knife node list 命令用于获取 Chef 服务器（在我们的例子中是托管 Chef）服务的节点列表，由于我们还没有汇聚任何节点，该列表为空。

```
[root@devops1 chef-repo]#knife node list
```

4.　用 VMware Workstation 或者 VirtualBox 创建一个虚拟机。安装 CentOS。VM 准备就绪后，找到并记下它的 IP 地址。

5.　在我们的 Chef 工作站上，打开一个终端，用 ssh 命令连接我们刚刚创建的节点（VM）：

```
[root@devops1 chef-repo]#sshroot@192.168.1.37
The authenticity of the host 192.168.1.37 can't be established:
RSA key fingerprint is
4b:56:28:62:53:59:e8:e0:5e:5f:54:08:c1:0c:1e:6c.
Are you sure you want to continue connecting (yes/no)? yes
Warning: Permanently added '192.168.1.37' (RSA)
to the list of known hosts.
root@192.168.1.37's password:
Last login: Thu May 28 10:26:06 2015 from 192.168.1.15
```

6. 现在，我们从 Chef 工作站建立了与节点的 SSH 会话。如果验证 IP 地址，
    就会知道自己是通过远程（SSH）访问手段访问不同的机器。

```
[root@localhost ~]#ifconfig
eth1        Link encap:EthernetHWaddr00:0C:29:44:9B:4B
inetaddr:192.168.1.37Bcast:192.168.1.255Mask:255.255.255.0
inet6addr: fe80::20c:29ff:fe44:9b4b/64 Scope:Link
            UP BROADCAST RUNNING MULTICAST MTU:1500Metric:1
            RX packets:11252errors:0dropped:0overruns:0frame:0
            TX packets:6628errors:0dropped:0overruns:0carrier:0
collisions:0txqueuelen:1000
            RX bytes:14158681 (13.5 MiB) TX bytes:466365 (455.4 KiB)
lo          Link encap:Local Loopback
inetaddr:127.0.0.1Mask:255.0.0.0
inet6addr: ::1/128 Scope:Host
            UP LOOPBACK RUNNING MTU:65536Metric:1
            RX packets:59513errors:0dropped:0overruns:0frame:0
            TX packets:59513errors:0dropped:0overruns:0carrier:0
collisions:0txqueuelen:0
            RX bytes:224567119 (214.1 MiB)
            TX bytes:224567119 (214.1 MiB)
[root@localhost ~]#
```

7. 用 knife 汇聚节点。提供 IP 地址 /DNS 名称、用户、密码和节点名称。

8. 验证输出。

```
[root@devops1 chef-repo]# knife bootstrap
192.168.1.37 -x root -P cloud@123 -
N tomcatserver
Doing old-style registration with the validation
key at /home/mitesh/chefrepo/.
chef/dtechno-validator.pem...
Delete your validation key in order to use your
```

```
user credentials instead
Connecting to 192.168.1.37
192.168.1.37 -----> Installing Chef Omnibus (-v 12)
192.168.1.37 downloading
https://omnitruck-direct.chef.io/chef/install.sh
192.168.1.37 to file /tmp/install.sh.26574/install.sh
192.168.1.37 trying wget...
192.168.1.37 el 6 x86_64
192.168.1.37 Getting information for chef stable 12 for el...
192.168.1.37 downloading https://omnitruckdirect.
chef.io/stable/chef/metadata?v=12&p=el&pv=6&m=x86_64
192.168.1.37 to file /tmp/install.sh.26586/metadata.txt
192.168.1.37 trying wget...
192.168.1.37 sha1859bc9be9a40b8b13fb88744079ceef1832831b0
192.168.1.37
sha256c43f48e5a2de56e4eda473a3e
e0a80aa1aaa6c8621d9084e033d8b9cf3efc328
192.168.1.37 urlhttps://packages.chef.io/stable/el/6/chef-12.9.41-
1.el6.x86_64.rpm
192.168.1.37 version12.9.41
192.168.1.37 downloaded metadata file looks valid...
192.168.1.37 downloading
https://packages.chef.io/stable/el/6/chef-12.9.41-
1.el6.x86_64.rpm
192.168.1.37 to file /tmp/install.sh.26586/chef-
12.9.41-1.el6.x86_64.rpm
192.168.1.37 trying wget...
192.168.1.37 Comparing checksum with sha256sum...
192.168.1.37 Installing chef 12
192.168.1.37 installing with rpm...
192.168.1.37 warning: /tmp/install.sh.26586/chef-
12.9.41-1.el6.x86_64.rpm:
Header V4DSA/SHA1 Signature, key ID 83ef826a: NOKEY
192.168.1.37 Preparing...
       ######################################## [100%]
192.168.1.37 1:chef
       ######################################## [100%]
192.168.1.37 Thank you for installing Chef!
192.168.1.37 Starting the first Chef Client run...
192.168.1.37 Starting Chef Client, version 12.9.41
192.168.1.37 Creating a new client identity for
tomcatserver using the validator key.
192.168.1.37 resolving cookbooks for run list: []
192.168.1.37 Synchronizing Cookbooks:
```

```
192.168.1.37 Installing Cookbook Gems:
192.168.1.37 Compiling Cookbooks...
192.168.1.37 [2016-05-12T23:47:49-07:00] WARN:
Node tomcatserver has an empty
run list.
192.168.1.37 Converging 0 resources
192.168.1.37
192.168.1.37 Running handlers:
192.168.1.37 Running handlers complete
192.168.1.37 Chef Client finished, 0/0 resources
updated in 37 seconds
```

9. 节点汇聚成功。

   （1）在日志中验证第一个 Chef 客户端运行。

   （2）验证安装的 Chef 客户端版本。

   （3）在日志中验证空白的运行列表消息。

   （4）验证汇聚 0 个资源的消息。

10. 我们浏览托管 Chef 账户，验证 **Nodes** 部分的 **Node Name** 和 **IP Address**
    有无内容，以检查上述过程是否成功。

11. 在仪表盘上，转到 **Details** 选项卡获取节点的更多信息；验证节点相关
    属性和**权限**，如图 4-8 所示。

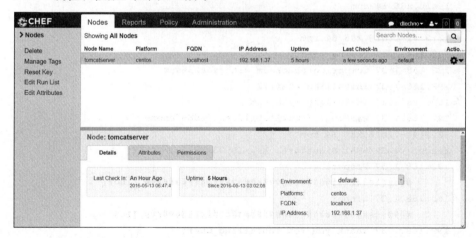

图 4-8

12. 在托管 Chef 仪表盘的底部，验证 CPU 属性和节点的其他细节。

13. 报告部分提供 **Runs Summary**、**Run Durations** 和 **Run Counts**，如图 4-9
    所示。

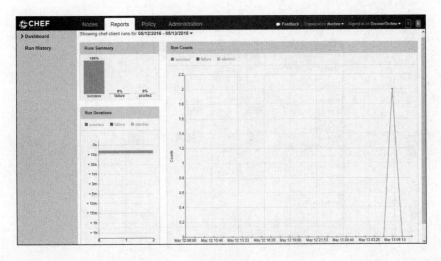

图 4-9

在下一节中，我们将用 Chef 安装 Tomcat。

4.2.2 用烹饪书安装软件包

到目前为止，我们执行了如下任务。

- 创建托管 Chef 账户。
- 配置 Chef 工作站。
- 用 Chef 工作站汇聚一个节点。

现在，我们将用社区烹饪书安装应用程序软件包。

要自动建立运行时环境，最好使用 Chef 社区烹饪书。

1. 访问 https://github.com/chef-1.cookbooks，找出建立运行时环境所需的所有社区烹饪书。

2. 我们将使用 Spring 样板应用 PetClinic，必须安装 Java 和 Tomcat 以运行这样的 Java EE 应用。

3. 从 https://supermarket.chef.io/cookbooks/tomcat 下载 Tomcat 烹饪书，并浏览该页面的 **Dependencies** 部分。如果没有将这些相关组件上传到 Chef 服务器，就无法上传 Tomcat 烹饪书使用它。

4. 分别从 https://supermarket.chef.io/cookbooks/openssl 和 https://supermarket.chef.io/cookbooks/chef-sugar 下载 OpenSSL 和 Chef sugar。

5. 为了安装 Java，从 https://supermarket.chef.io/cookbooks/java 下载烹饪书，从 https://supermarket.chef. io/cookbooks/apt 下载相关组件。将所有压缩

文件解压到烹饪书目录，如图 4-10 所示。

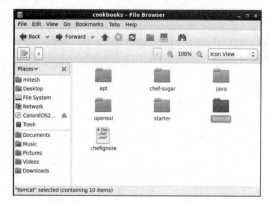

图 4-10

6. 在终端中进入 cookbooks 目录，执行 ls 命令验证前面下载的社区烹饪书子目录：

```
[root@devops1 cookbooks]# ls
apt chefignore chef-sugar java openssl starter tomcat
[root@devops1 cookbooks]# cd ..
```

7. 上传其中一个烹饪书，验证它是否上传到托管 Chef。用 knife cookbook upload apt 命令上传 apt 烹饪书：

```
[root@devops1 chef-repo]# knife cookbook upload apt
Uploading apt          [3.0.0]
Uploaded 1 cookbook.
```

8. 进入托管 Chef **仪表盘**，单击 **Policy**。进入托管 Chef 实例的 **Cookbook** 部分，查看 **apt Cookbook** 是否已经上传，如图 4-11 所示。

图 4-11

9. 为了上传 Tomcat 烹饪书，我们必须上传所有相关的烹饪书。按照如下顺序上传其他所有烹饪书：

```
[root@devops1 chef-repo]# knife cookbook upload chef-sugar
Uploading chef-sugar      [3.3.0]
Uploaded 1 cookbook.
[root@devops1 chef-repo]# knife cookbook upload java
Uploading java            [1.39.0]
Uploaded 1 cookbook.
[root@devops1 chef-repo]# knife cookbook upload openssl
Uploading openssl         [4.4.0]
Uploaded 1 cookbook.
[root@devops1 chef-repo]# knife cookbook upload tomcat
Uploading tomcat          [0.17.0]
Uploaded 1 cookbook.
```

10. 进入托管 Chef 仪表盘，验证所有烹饪书，如图 4-12 所示。

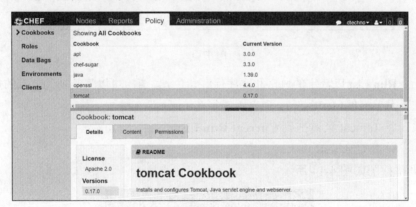

图 4-12

将所有烹饪书上传到托管 Chef 后，我们将创建一个角色。

4.2.3　创建角色

在这一阶段，所有必需的烹饪书被上传到托管 Chef。现在，我们在托管 Chef 上创建一个角色。

在创建角色之前，我们先来了解一下角色的含义。

角色是为特定的功能而创建的，它为不同模式和工作流过程提供了一个路径。

例如，Web 服务器角色可以包含 Tomcat 服务器菜谱（Recipe）和任何自定义属性：

1. 进入托管 Chef 仪表盘中的 **Policy**，单击侧栏菜单中的 **Roles**。单击
Create Role 创建一个角色。

2. 在 **Create Role** 窗口中，提供**名称**和描述。

3. 单击 **Next**。

屏幕截图如图 4-13 所示。

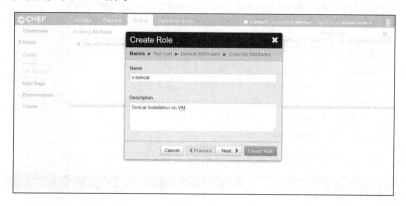

图 4-13

1. **Run List** 以特定的风格和顺序保存角色/菜谱。可以将其视为节点的规格。

2. 从 **Available Recipes** 列表中选择 Tomcat。

3. 将 Tomcat 菜谱拖到 **Current Run List**。

4. 单击 **Create Role**。

屏幕截图如图 4-14 所示。

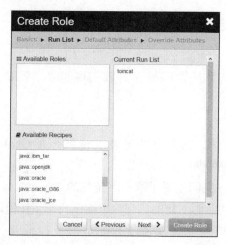

图 4-14

1. 在托管 Chef **仪表盘**的 **Policy** 选项卡中查看新增的角色，如图 4-15 所示。

图 4-15

2. 现在，我们指定一个角色，同时在终端中汇聚节点。用 knife node run_list add tomcatserver "role[v-tomcat]" 命令将角色添加到节点中：

```
[root@devops1 chef-repo]# knife node run_list add
tomcatserver "role[v-tomcat]"
tomcatserver:
run_list: role[v-tomcat]
[root@devops1 chef-repo]#
```

3. 现在，v-tomcat 角色与 tomcatserver 关联。

4. 进入节点执行 chef-client；这将执行使节点状态与指定角色相一致的步骤。

```
[root@localhost Desktop]# chef-client
Starting Chef Client, version 12.9.41
resolving cookbooks for run list: ["tomcat"]
Synchronizing Cookbooks:
- tomcat (0.17.0)
- chef-sugar (3.3.0)
- java (1.39.0)
- apt (3.0.0)
- openssl (4.4.0)
Installing Cookbook Gems:
Compiling Cookbooks...
.
.
.
Chef Client finished, 11/15 resources updated in 09 minutes 59
seconds
You have new mail in /var/spool/mail/root
```

5. 进入节点，检查 Tomcat 是否可用：

```
[root@localhost Desktop]# service tomcat6 status
tomcat6 (pid 39782) is running... [ OK ]
You have new mail in /var/spool/mail/root
```

6. 进入托管 Chef 账户的 **Reports** 选项卡，获取节点汇聚的最新细节，如图 4-16 所示。

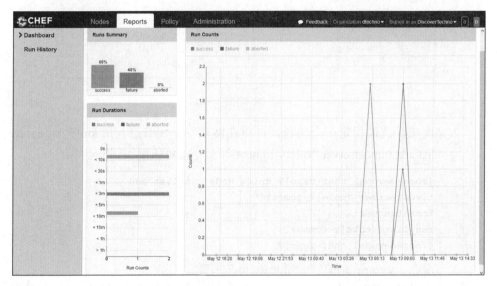

图 4-16

在这一阶段，我们已经准备好了一个托管 Chef 账户、配置好的工作站和汇聚的节点。

在下一小节，我们将为一些流行的云平台安装 Knife 插件。

4.3　为 Amazon Web 服务和 Microsoft Azure 安装 Knife 插件

我们的目标是安装应用程序包，为基于 Java 的 Petclinic 应用提供运行时环境。在传统环境中，我们提出物理服务器的采购请求，基础设施团队帮助我们安装不同软件，为应用程序提供运行时环境。利用 Chef，我们可以用社区烹饪书安装这些软件包，从而轻松地实现自动化。

在本节中，我们将使用云资源。Amazon EC2 和 Microsoft Azure 是两个很流行的公共云资源提供者。我们将在云环境中创建虚拟机，然后用 Chef 配置管理工具安装不同的应用程序软件包，如图 4-17 所示。

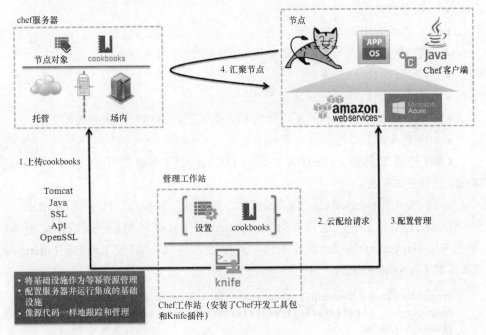

图 4-17

1. 首先，我们用 Chef 工作站和 knife 插件，在 Amazon EC2 和 Microsoft Azure 中配给虚拟机。

2. 进入 Chef 工作站。

3. 执行 knife 命令，在 Amazon EC2 和 Microsoft Azure 中创建实例（Chef 节点）

下面是上述过程的工作方式。

1. 在 Chef 工作站上执行命令，创建云环境中的一个新实例。

2. 在 Amazon EC2 和 Microsoft Azure 中的新实例创建并正常运行（Chef 节点可用）。

3. 4Chef 节点与 Chef 服务器通信。

4. Chef 服务器命令 Chef 节点执行一系列任务并下载 Chef 客户端。

5. Chef 服务器和 Chef 节点进行一次安全的"握手"；Chef 服务器生成一个安全证书，用于验证新节点后续的查询。

6. Chef 节点执行任务并通知 Chef 服务器自身的依从性状况。

下面是在不同的公共云服务器提供者上使用 Chef 配置管理工具的主要优点。

- 更快地进入市场。
- 集中控制。
- 标准策略。
- 一致的应用程序部署环境。
- 手工劳动和因为人工局限性引起的错误较少甚至没有。
- 快速应用程序部署。
- 容易回滚。
- 对业务持续性有利的高可用性和灾难恢复，对当今时代至关重要。
- 所有人都可以得到社区烹饪书。

Chef 开发工具包（ChefDK） 提供了 Chef 社区构建的开发工具，使安装 Knife 插件更加简便。

访问 https://downloads.chef.io/chef-dk/，根据使用的操作系统下载 ChefDK。

在我们的例子中，选择 Red Hat Enterprise Linux 和对应的 ChefDK 版本。单击 Red Hat Enterprise Linux 6 下载，这个版本可以在 64 位 Red Hat Enterprise Linux 和 CentOS6 中使用：

```
[root@localhost Desktop]# sudo rpm -ivh chefdk-0.13.21-1.el6.x86_64.rpm
Preparing... ######################################
[100%] 1:chefdk
######################################## [100%]
Thank you for installing Chef Development Kit!
```

执行 chef gem install knife-ec2 命令创建、引导和管理 Amazon EC2 实例。更多细节参见 https://github.com/chef/knife-ec2：

```
[root@localhost Desktop]# chef gem install knife-ec2
Fetching: knife-ec2-<version>.gem (100%)
.

.
Successfully installed knife-ec2-<version>
1 gem installed
```

执行 knife ec2 -help 命令检查可用的 Amazon EC2 命令：

```
[root@localhost Desktop]# knife ec2 --help
** EC2 COMMANDS **
knife ec2 amis ubuntu DISTRO [TYPE] (options)
knife ec2 flavor list (options)
knife ec2 server create (options)
knife ec2 server delete SERVER [SERVER] (options)
knife ec2 server list (options)
```

在 knife.rb 文件中为 knife 插件配置 Amazon EC2 凭据。

使用如下的 knife[:aws_access_key_id] 和 knife[:aws_secret_access_key]。

```
knife[:aws_access_key_id] = "Your AWS Access Key ID"
knife[:aws_secret_access_key] = "Your AWS Secret Access Key"
```

执行 chef gem install knife-azure 命令创建、引导和管理 Microsoft Azure 虚拟机。更多细节参见 https://github.com/chef/knife-ec2。

```
[root@localhost Desktop]# chef gem install knife-azure -v 1.5.2
Fetching: knife-azure-1.5.2.gem (100%)
Successfully installed knife-azure-1.5.2
1 gem installed
```

用 knife azure -help 验证可用的 Azure 命令。

```
[root@localhost Desktop]# knife azure --help
** AZURE COMMANDS **
knife azure ag create (options)
knife azure ag list (options)
knife azure image list (options)
knife azure internal lb create (options)
knife azure internal lb list (options)
knife azure server create (options)
knife azure server delete SERVER [SERVER] (options)
knife azure server list (options)
knife azure server show SERVER [SERVER]
knife azure vnet create (options)
knife azure vnet list (options)
```

4.3.1 在 Amazon EC2 中创建和配置虚拟机

使用 knife node list 命令获得节点列表，了解有多少节点已经用 chef 配置：

```
root@devops1 Desktop]# knife node list
tomcatserver
```

使用 knife ec2 server creat 命令和参数（如表 4-1 所示）创建新的虚拟机。

表 4-1

参数	值	描述
-I	ami-1ecae776	Amazon 机器映像 ID
-f	t2.micro	虚拟机类型
-N	DevOpsVMonAWS	Chef 节点名称

续表

参数	值	描述
--aws-access-key-id	你的访问密钥 ID	AWS 账户访问密钥 ID
--aws-secret-access-key	你的访问密钥密码	AWS 账户访问密钥密码
-S	Book	SSH 密钥
--identity-file	book.pem	PEM 文件
--ssh-user	ec2-user	AWS 实例用户
-r	role[v-tomcat]	Chef 角色

用 knife 插件创建一个 EC2 实例：

```
[root@devops1 Desktop]# knife ec2 server create -I ami-1ecae776 -f t2.micro
-N DevOpsVMonAWS --aws-access-key-id '< Your Access Key ID >' --aws-
secretaccess-key '< Your Secret Access Key >' -S book --identity-file book.pem --
ssh-user ec2-user -r role[v-tomcat]

Instance ID: i-640d2de3
Flavor: t2.micro
Image: ami-1ecae776
Region: us-east-1
Availability Zone: us-east-1a
Security Groups: default
Tags: Name: DevOpsVMonAWS
SSH Key: book

Waiting for EC2 to create the instance......
Public DNS Name: ********************.compute-1.amazonaws.com
Public IP Address: **.**.***.***
Private DNS Name: ip-***-**-1-27.ec2.internal
Private IP Address: ***.**.*.27
```

在这一节点，AWS EC2 实例已经创建，等待 sshd 访问可用：

```
Waiting for sshd access to become available...................done

Creating new client for DevOpsVMonAWS
Creating new node for DevOpsVMonAWS
Connecting to ec2-**-**-***-***.compute-1.amazonaws.com

ec2-**-**-***-***.compute-1.amazonaws.com -----> Installing Chef Omnibus (-
v 12)
.
.
.
ec2-**-**-***-***.compute-1.amazonaws.com version12.9.41
ec2-**-**-***-***.compute-1.amazonaws.com downloaded metadata file looks
valid...
ec2-**-**-***-***.compute-1.amazonaws.com downloading
```

```
https://packages.chef.io/stable/el/6/chef-12.9.41-1.el6.x86_64.rpm
ec2-**-**-***-***.compute-1.amazonaws.com
1:chef-12.9.41-1.el6 ################################ [100%]

ec2-**-**-***-***.compute-1.amazonaws.com Thank you for installing Chef!
```

现在，Chef 客户端已经安装在 AWS 实例上，它已经为 Chef 客户端版本 12.9.41 的运行做好了准备：

```
ec2-**-**-***-***.compute-1.amazonaws.com Starting the first Chef Client
run...
ec2-**-**-***-***.compute-1.amazonaws.com Starting Chef Client, version
12.9.41
```

现在就可以根据节点解析烹饪书安装运行时环境了：

```
ec2-**-**-***-***.compute-1.amazonaws.com resolving cookbooks for run list:
["tomcat"]
ec2-**-**-***-***.compute-1.amazonaws.com Synchronizing Cookbooks:
ec2-**-**-***-***.compute-1.amazonaws.com - tomcat (0.17.0)
ec2-**-**-***-***.compute-1.amazonaws.com - java (1.39.0)
ec2-**-**-***-***.compute-1.amazonaws.com - apt (3.0.0)
ec2-**-**-***-***.compute-1.amazonaws.com - openssl (4.4.0)
ec2-**-**-***-***.compute-1.amazonaws.com - chef-sugar (3.3.0)

ec2-**-**-***-***.compute-1.amazonaws.com Installing Cookbook Gems:
ec2-**-**-***-***.compute-1.amazonaws.com Compiling Cookbooks...

ec2-**-**-***-***.compute-1.amazonaws.com Converging 3 resources
ec2-**-**-***-***.compute-1.amazonaws.com Recipe: tomcat::default
ec2-**-**-***-***.compute-1.amazonaws.com * yum_package[tomcat6] action
install
ec2-**-**-***-***.compute-1.amazonaws.com - install version
6.0.45-1.4.amzn1 of package tomcat6
ec2-**-**-***-***.compute-1.amazonaws.com * yum_package[tomcat6-
adminwebapps]action install
ec2-**-**-***-***.compute-1.amazonaws.com - install version
6.0.45-1.4.amzn1 of package tomcat6-admin-webapps
ec2-**-**-***-***.compute-1.amazonaws.com * tomcat_instance[base] action
configure (up to date)
```

现在，运行时环境已经可用，可以在 AWS 实例中启动 Tomcat 服务了；验证日志：

```
ec2-**-**-***-***.compute-1.amazonaws.com
ec2-**-**-***-***.compute-1.amazonaws.com * service[tomcat6] action start
.

.
ec2-**-**-***-***.compute-1.amazonaws.com Chef Client finished, 13/15
resources updated in 01 minutes 13 seconds
```

下面是新创建的 AWS 实例的细节：

```
Instance ID: i-********
Flavor: t2.micro
Image: ami-1ecae776
Region: us-****-1
Availability Zone: us-****-1a
Security Groups: default
Security Group Ids: default
Tags: Name: DevOpsVMonAWS
SSH Key: book
Root Device Type: ebs
Root Volume ID: vol-1e0e83b5
Root Device Name: /dev/xvda
Root Device Delete on Terminate: true
Public DNS Name: ec2-**-**-***-***.compute-1.amazonaws.com
Public IP Address: 52.90.219.205
Private DNS Name: ip-172-31-1-27.ec2.internal
Private IP Address: 172.31.1.27
Environment: _default
Run List: role[v-tomcat]
You have new mail in /var/spool/mail/root
[root@devops1 Desktop]#
```

访问 https://aws.amazon.com 并登录。

进入 **Amazon EC2** 部分，单击左侧边栏的 **Instances** 或者 **Resources** 页面上的 **Running Instances**，获得关于 AWS 实例的详情。

用 Amazon 仪表盘中可以看到的数据，验证名称、标签、公共 DNS 和我们在 Chef 客户端运行中得到的其他细节，如图 4-18 所示。

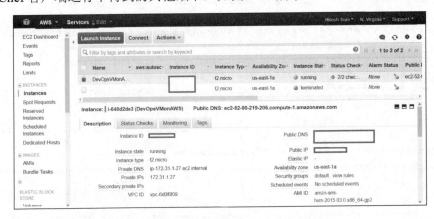

图 4-18

现在，让我们进入托管 Chef 的**仪表盘**，单击 **Nodes** 验证 Amazon EC2 中新创建 / 汇聚的节点，如图 4-19 所示。

图 4-19

验证实例细节和运行列表，如图 4-20 所示。

图 4-20

Amazon EC2 中创建了一个实例，并安装了 Tomcat，启动服务，我们可以验证它是否真正运行。

用实例的公共域名，尝试访问 AWS 实例上安装的 Tomcat 服务器。

1. 如果发生连接超时错误，原因是 AWS 中安全组的限制。进入 AWS 实例中的 **Security Group**，如图 4-21 所示。

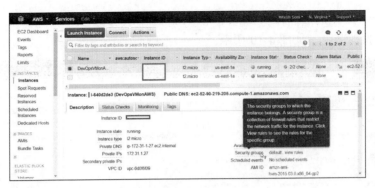

图 4-21

2. 在 **AWS** 门户，转到 **Security Group** 部分。选择默认安全组，验证入站规则。我们可以看到，只有 **SSH** 规则可用；我们必须允许端口 8080 的访问，如图 4-22 所示。

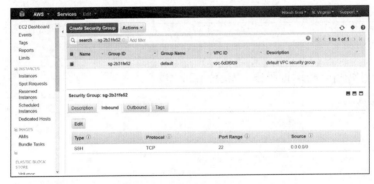

图 4-22

3. 创建一条用于端口 8080 的新自定义规则，如图 4-23 所示。

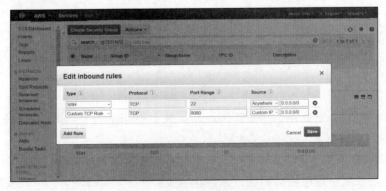

图 4-23

4. 现在，访问公共域 URL，我们将看到 AWS 实例上的 Tomcat 页面。

在下一小节中，我们将在 Micrsooft Azure 中创建和配置虚拟机。

4.3.2 在 Microsoft Azure 中创建和配置虚拟机

要创建和配置 Chef 和 Microsoft Azure 集成，我们必须提供 Microsoft Azure 账户和凭据。下载 publishsettings 文件并执行如下步骤，以获取 Microsoft Azure 凭据。

1. 用登录名和密码登录 Microsoft Azure 门户，从 https://manage.windowsazure.com/publishsettings/index?client=xplat 下载 publishsettings 文件。

2. 将其复制到 Chef 工作站上，在 knife.rb 文件中创建一个条目，引用这个本地文件。

```
knife[:azure_publish_settings_file] = "~/<name>.publishsettings"
```

3. 表 4-2 所示是 Microsoft Azure 公共云中创建虚拟机的参数。

表 4-2

参数	值	描述
--azure-dns-name	distechnodemo	DNS 名称
--azure-vm-name	dtserver02	虚拟机名称
--azure-vm-size	Small	虚拟机规模
-N	DevOpsVMonAzure2	Chef 节点名称
--azure-storage-account	classicstorage9883	Azure 存储账户
--bootstrap-protocol	cloud-api	引导协议
--azure-source-image	5112500ae3b842c8b9c604889f8753c3__OpenLogic-CentOS-67-20160310	Azure 源映像名称
--azure-service-location	Central US	托管虚拟机的 Azure 位置
--ssh-user	dtechno	SSH 用户
--ssh-password	<YOUR PASSWORD>	SSH 密码
-r	role[v-tomcat]	角色
--ssh-port	22	SSH 端口

我们已经成功地安装了 knife azure 插件。现在，我们可以执行如下的 knife azure server create 命令，在 Microsoft Azure Cloud 中创建虚拟机：

```
[root@devops1 Desktop]# knife azure server create --azure-dns-name
'distechnodemo' --azure-vm-name 'dtserver02' --azure-vm-size 'Small' -N
DevOpsVMonAzure2 --azure-storage-account 'classicstorage9883'
--bootstrapprotocol'cloud-api' --azure-source-image
```

```
'5112500ae3b842c8b9c604889f8753c3__OpenLogic-CentOS-67-20160310'
--azureservice-location 'Central US' --ssh-user 'dtechno' --ssh-password
'cloud@321' -r role[v-tomcat] --ssh-port 22
.
.
.
Creating new node for DevOpsVMonAzure2
.........
Waiting for virtual machine to reach status 'provisioning'..............vm
state 'provisioning' reached after 2.47 minutes.
..
DNS Name: distechnodemo.cloudapp.net
VM Name: dtserver02
Size: Small
Azure Source Image: 5112500ae3b842c8b9c604889f8753c3__OpenLogic
CentOS-67-20160310
Azure Service Location: Central US
Private Ip Address: 100.73.210.70
Environment: _default

Runlist: ["role[v-tomcat]"]
```

现在，我们将从 Microsoft Azure Public Cloud 中的资源配给开始。

```
Waiting for Resource Extension to reach status 'wagent
provisioning'.....Resource extension state 'wagent provisioning' reached
after 0.17 minutes.

Waiting for Resource Extension to reach status
'installing'...................Resource extension state 'installing'
reached after 2.21 minutes.
Waiting for Resource Extension to reach status 'provisioning'.....Resource
extension state 'provisioning' reached after 0.19 minutes.
..
DNS Name: distechnodemo.cloudapp.net
VM Name: dtserver02
Size: Small
Azure Source Image: 5112500ae3b842c8b9c604889f8753c3__OpenLogic-
CentOS-67-20160310
Azure Service Location: Central US
Private Ip Address: 100.73.210.70
Environment: _default
Runlist: ["role[v-tomcat]"]
[root@devops1 Desktop]#
```

1. 在浏览器中进入托管 Chef 账户，单击 **Nodes** 选项卡。

2. 验证我们在 Microsoft Azure Public Cloud 中创建的新节点已经注册到托管 Chef 服务器。

3. 我们可以看到节点名称 DevOpsVMonAzure2，如图 4-24 所示。

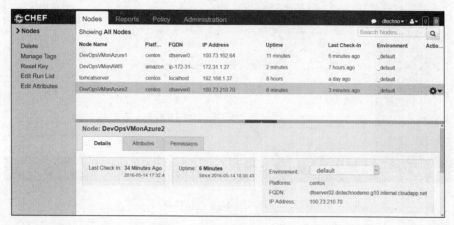

图 4-24

4. 进入 **Microsoft Azure** 门户，单击 **VIRTUAL MACHINES** 部分，验证用 Chef 配置管理工具新创建的虚拟机，如图 4-25 所示。

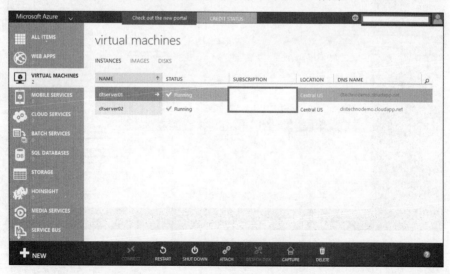

图 4-25

5. 单击 **Microsoft Azure 仪表盘**中的**虚拟机**，验证虚拟机细节，如图 4-26 所示。

图 4-26

6.　在虚拟机页面的最后，验证 **extensions** 部分。

检查是否显示了 **chef-service enabled**，如图 4-27 所示。

图 4-27

我们现在已经用 knife 插件在 Amazon EC2 和 Microsoft Azure 中创建了虚拟机，用角色安装了运行时环境。

4.4 小结

在本章中，我们安装和配置了一个 Chef 工作站、汇聚了节点、创建了角色并为基于 Java 的 Web 应用程序安装了运行时环境。我们还使用 knife 插件，在 Microsoft Azure 和 Amazon EC2 中创建了虚拟机，用角色安装了运行时环境。

在下一章中，我们将看到如何以脚本或者插件等自动化手段，将基于 Java 的 Web 应用程序部署到 Web 服务器上。

我们将把自己的 WAR 文件部署到本地或者远程 Tomcat。远程 Tomcat 在 Amazon EC2、Microsoft Azure Virtual Machine、AWS Elastic Beanstalk 或 Microsoft Azure Web Apps 上。

第 5 章
持续交付

技术并不重要，重要的是你对人们有信心，他们都很好、很聪明，如果给他们工具，他们就能做了不起的事。

——史蒂夫•乔布斯

我们已经了解了不同的 DevOps 实践，如持续集成、容器和配置管理。现在，我们将关注如何将包文件部署到一个 Web 容器或者 Web 服务器。我们将使用 Apache Tomcat 作为云虚拟机上的 Web 服务器，部署我们的基于 Java 应用。

本章的主要目标是帮助读者了解将应用程序包部署到 Web 服务器的不同方法。这些方法可以根据团队的权限使用，一旦我们实现了这种 Web 服务器中的自动化交付，就可以在整个构建编排中利用这一操作。

这样，我们就可以创建一条构建流水线，这种编排将帮助我们实现持续交付和持续部署。

本章将介绍如下主题：

- 用 Jenkins 插件在 Docker 容器中持续交付；
- 用脚本在 AWS EC2 和 Microsoft Azure VM 中持续交付；
- 用 Jenkins 插件在 AWS Elastic Benstalk 中持续交付；
- 用 FTP 在 Microsoft Azure App Services 中持续交付；
- 用 VSTS 在 Microsoft Azure App Services 中持续交付。

5.1 用 Jenkins 插件在 Docker 容器中持续交付

下面我们来了解如何用 Jenkins 插件在 Tomcat 中部署 Web 应用程序。

我们可以遵循如下的几个步骤：

- 运行 Apache Tomcat。
- 使用对应的 IP 地址和端口号组合，浏览 Tomcat 首页，如图 5-1 所示。

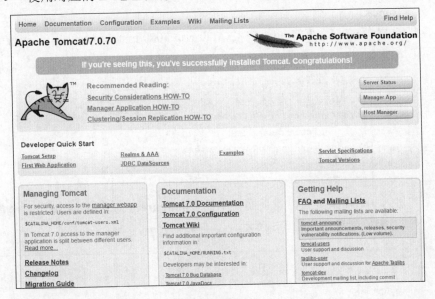

图 5-1

- 进入 conf 目录，在 Tomcat 安装目录打开 tomcat-users.xml，去掉角色和用户行之前的注释标记，或者重写它们。将 **rolename** 设置为 **manager-script**，以便进行测试。通过 Deploy to Container 插件进行的部署需要 **manager-script**。
- 对于 Jenkins 部署插件，将 **rolename** 改为 **manager-script**，如图5-2所示。

```
<?xml version='1.0' encoding='utf-8'?>
<!--
<tomcat-users>
<!--
<!--
  NOTE:  The sample user and role entries below are intended for use with the
  examples web application. They are wrapped in a comment and thus are ignored
  when reading this file. If you wish to configure these users for use with the
  examples web application, do not forget to remove the <!.. ..> that surrounds
  them. You will also need to set the passwords to something appropriate.
-->
  <role rolename="manager-script"/>
  <user username="admin" password="admin@123" roles="manager-script"/>
</tomcat-users>
```

图 5-2

- 单击 Tomcat 首页上的管理应用链接，输入 tomcat-users.xml 中设置

的用户名和密码。现在，我们可以访问管理应用程序了。对于本地
Tomcat，我们可以使用 localhost 访问 Tomcat 页面，也可以使用 IP 地
址方法。对于远程 Web 服务器，我们可以使用 IP 地址或者域名访问
Tomcat。

- 重启 Tomcat，访问 https://<IP Address>:8080/manager/text/list。应该看到
  如下输出。

```
OK - Listed applications for virtual host localhost
/:running:0:ROOT
/petclinic:running:1:petclinic
/examples:running:0:examples
/host-manager:running:0:host-manager
/manager:running:0:manager
/docs:running:0:docs
```

- 进入 **Jenkins** 作业构建页面，单击 **Configure**。为 Jenkins 代理选择合适
  的 **JDK** 配置，如图 5-3 所示。

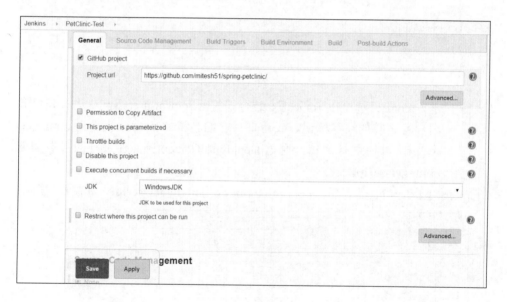

图 5-3

- 在 **Post-build Actions** 下，选择 **Deploy war/ear to a container**。提供
  Jenkins 工作区中的 WAR 文件的位置、Tomcat 管理器凭据和 **Tomcat** 的
  URL（包含端口），如图 5-4 所示。

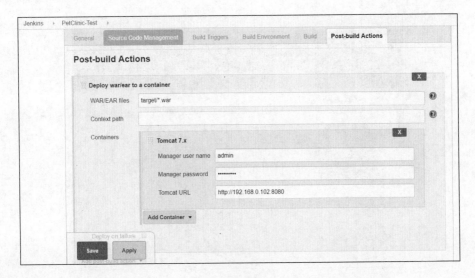

图 5-4

- 单击 **Apply** 和 **Save**。在 **Jenkins** 构建页面上单击 **Build now**。验证控制台输出显示新的部署，如图 5-5 所示：

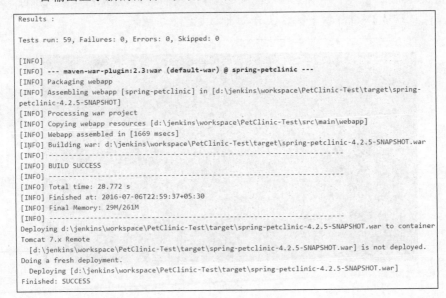

图 5-5

- 一旦构建成功，从浏览器访问 URL，注意上下文，这与应用程序名称类似，如图 5-6 所示。

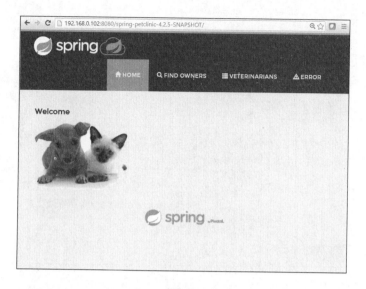

图 5-6

我们已经在第 3 章中介绍了 Docker 中的基本操作，用 tomcat-users.xml 创建自定义 Tomcat 映像。一旦 Docker 正常运行，我们就可以创建一个 Docker 容器了。注意默认 Docker 机器的默认 IP 地址，如图 5-7 所示。

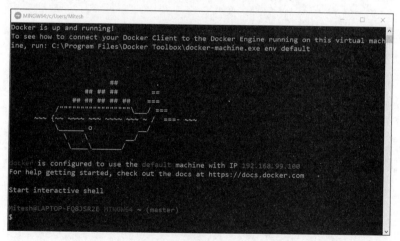

图 5-7

- 用如下命令更改容器名称。

```
docker run -it -p 9999:8080 --name bootcamp_tomcat
devops_tomcat_sc
```

- 用如下命令验证名称，如图 5-8 所示。

```
dockerps -a
```

图 5-8

- 用虚拟机 IP 地址和端口号 **9999** 访问容器中运行的 Tomcat，如图 5-9 所示。

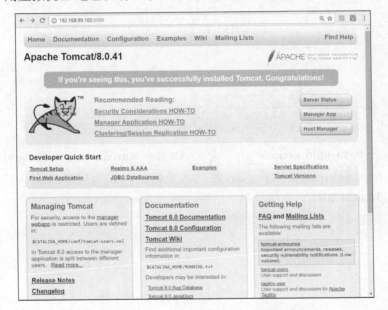

图 5-9

- 用如下 URL 和 manager-script 角色验证管理器访问权限，如图 5-10 所示。

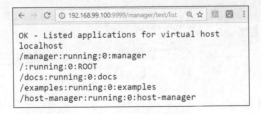

图 5-10

- 尝试用 Tomcat 中的 Deploy to Container 插件部署应用程序。如果构建作业生成一个 WAR 文件，则用 **copy artifact** 插件从构建中复制它，如图 5-11 所示。

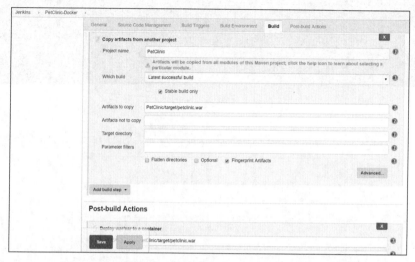

图 5-11

- 在 **Post-build actions** 中， 选 择 **Deploy war/ear to a container**。 输入 tomcat-users.xml 中提供的用户名和密码。我们将提供图 5-12 所示的 **Tomcat URL**。在填写细节之后，单击 **Apply/Save**。

图 5-12

- 单击 **Build Now**。
- 转到控制台输出，验证部署过程，如图 5-13 所示。

图 5-13

- 用 Tomcat URL 和应用程序上下文验证应用程序 URL。

了不起！我们已经成功地创建了一个映像和一个容器，并在 Tomcat 容器中部署了应用程序。

5.2 用脚本在 AWS EC2 和 Microsoft Azure VM 中持续交付

第 4 章中，我们已经在 AWS 和 Microsoft Azure 中创建了虚拟机。为了在 AWS 和 Microsoft Azure 虚拟机中部署应用，我们需要一个 WAR 包文件。一旦 Jenkins 构建作业创建了一个包，我们必须执行图 5-14 所示的步骤。

图 5-14

让我们配置构建作业，执行如下命令，在 AWS 实例中部署 **WAR** 文件。

- 将 Tomcat 的 webapps 目录权限赋予 ec2-user，这样我们才能复制 WAR 文件。

ssh -i /home/mitesh/book.pem -o StrictHostKeyChecking=no -t -t

```
ec2-user@ec2-52-90-116-36.compute-1.amazonaws.com "sudousermod -a
-G tomcat ec2-user;
sudochmod -R g+w /var/lib/tomcat6/webapps; sudo service tomcat6
stop;"
```

- 将 WAR 文件复制到远程目录。

```
scp -i /home/mitesh/book.pem /home/mitesh/target/*.war ec2-
user@ec2-52-90-116-36.compute-
1.amazonaws.com:/var/lib/tomcat6/webapps
```

- 启动 / 重启 Tomcat 服务。

```
ssh -i /home/mitesh/book.pem -o StrictHostKeyChecking=no -t -t
ec2-user@ec2-52-90-116-36.compute-1.amazonaws.com "sudo service
tomcat6 start"
```

使用 Copy Artifact 插件，从另一个构建作业中复制 **WAR** 文件，然后在 **Execute Shell Build Actions** 中执行上述命令，如图 5-15 所示。

图 5-15

单击 **Save**，然后执行构建作业。对于 Microsoft Azure 虚拟机中的部署，利用 Jenkins 插件（**Deploy to Container**）或者对 AWS 所用的脚本做必要的修改，这一步读者可以自行练习。

5.3　用 Jenkins 插件在 AWS Elastic Beanstalk 中持续交付

AWS Elastic Beanstalk 是 Amazon 的**平台即服务（PaaS）**产品。我们将用它

在 AWS 平台上部署 PetClinic 应用。这个平台的优点是，我们不需要管理基础设施甚至平台，因为它是一个 PaaS 产品。我们可以配置伸缩和其他细节。图 5-16 所示是在 AWS Elastic Beanstalk 上部署应用的步骤。

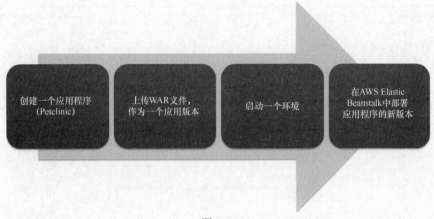

图 5-16

让我们创建一个样板应用，以理解 Elastic Beanstalk 的工作原理，然后使用 Jenkins 插件部署应用程序。

- 进入 AWS 管理控制台，验证我们是否有默认的**虚拟私有云**（Virtual Private Cloud，VPC）。如果你不小心删除了默认 VPC 和子网，向 AWS 客户支持发送重新创建的请求，如图 5-17 所示。

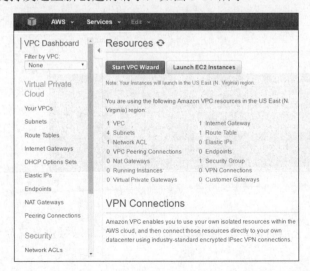

图 5-17

- 单击 AWS 管理控制台中的 **Services**，选择 AWS **Elastic Beanstalk**。创建名为 **petclinic** 的新应用。在 **Platform** 选项中选择 **Tomcat**，并选中 **Sample application** 单选钮，如图 5-18 所示。

图 5-18

- 验证创建样板应用的事件顺序，如图 5-19 所示。

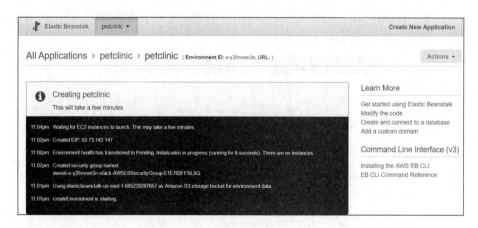

图 5-19

- 这将花一点时间，一旦环境创建完毕，它将以绿色高亮显示，如图 5-20 所示。

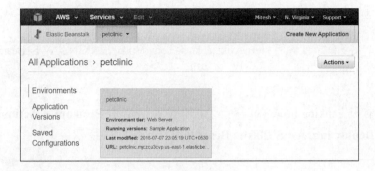

图 5-20

- 单击 **petclinic** 环境，在仪表盘中验证 **Health** 和 **Running Version**，如图 5-21 所示。

图 5-21

- 验证环境 ID 和 URL。单击 **URL** 并验证默认页面，如图 5-22 所示。

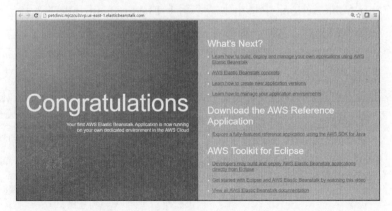

图 5-22

- 安装 AWS Elastic Beanstalk Publisher 插件。

 更多细节可访问 https://wiki.jenkins-ci.org/display/JENKINS/AWS+Beanstalk+
Publisher+Plugin。

- 打开 Jenkins 仪表盘，转到**构建**作业。单击 **Post-build Actions** 并选择
Deploy into AWS Elastic Beanstalk，如图 5-23 所示。

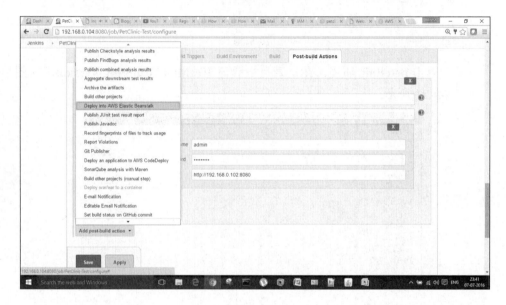

图 5-23

- **Post-build Actions** 中将出现一个用于 **Elastic Beanstalk** 的新段。
- 单击 **Jenkins** 仪表盘，选择 **Credentials**；添加 AWS 凭据。
- 进入你的 Jenkins 构建，选择 **AWS Credential**，该选项在全局配置中
设置。
- 从列表中选择 **AWS Region**，单击 **Get Available Applications**。由于我们
已经创建了一个样板应用，它将出现在列表中。
- 在 **EnvironmentLookup** 中，于 **Get Environments By Name** 框中输入环
境 ID，并单击 **Get Available Environments**，如图 5-24 所示。

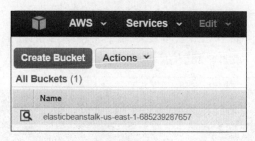

图 5-24

- 保存配置并单击 **Build now**。

现在，验证 AWS 管理控制台，检查 **WAR** 文件是否正在被复制到 Amazon S3：

转到 S3 Services，检查可用桶（Bucket），如图 5-25 所示。

图 5-25

- 由于 WAR 文件很大，上传到 Amazon S3 需要花费一些时间。上传之后，可以在 Amazon S3 桶中使用它。
- 在 Jenkins 中验证构建作业的状态。下面是预期的一些输出。
  - 测试用例执行和 WAR 文件创建成功。
  - 构建成功。
- 现在，检查 AWS 管理控制台，如图 5-26 所示。

图 5-26

- 转到 **Services**，单击 AWS **Elastic Beanstalk** 并验证环境。前一个版本是
  Sample Application。现在，版本已经更新为 Jenkins 构建作业配置中给
  出的 **Version Label Format**，如图 5-27 所示。

图 5-27

- 进入仪表盘，再次验证**健康**状况和**运行版本**。
- 验证了所有细节之后，单击环境的 URL，我们的 PetClinic 应用程序就
  已经上线，如图 5-28 所示。

图 5-28

- 应用部署成功之后，终止该环境。

这样，我们就成功地在 Elastic Beanstalk 上部署了应用程序。

5.4 用 FTP 在 Microsoft Azure App Services 中持续交付

Microsoft Azure app services 是一个 Paas 产品。在本节中，我们将了解 Azure Web App 和如何部署 PetClinic 应用。

我们将在 Jenkins 中安装 Publish Over FTP 插件。我们将使用 Azure Web App 的 FTP 细节发布 PetClinic WAR 文件：

- 进入 Microsoft Azure 门户（https://portal.azure.com）。单击 **App Services**，然后单击 **Add**。提供 **App Name**、**Subscription**、**Resource Group** 和 **App Service plan/Location** 的值。单击 **Create**，如图 5-29 所示。

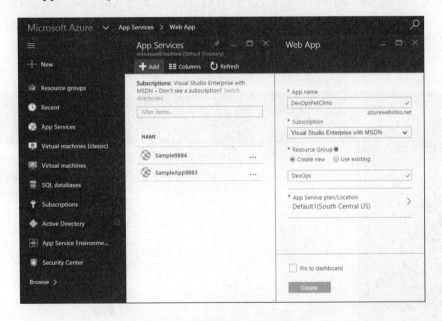

图 5-29

- 创建 Azure Web App 后，查看它在 Azure 门户中是否出现。
- 单击 **DevOpsPetClinic** 中关于 **URL**、**Status**、**Location** 等的细节，如图 5-30 所示。

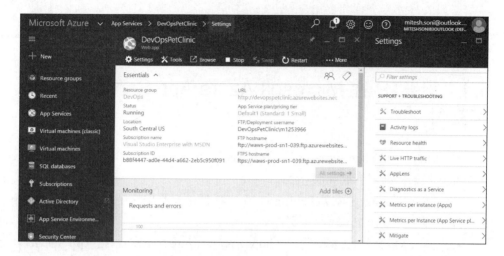

图 5-30

- 单击 **All Settings**，进入 **GENERAL** 部分，单击 **Application settings**，为 Java Web 应用托管配置 Azure Web App。选择 **Java version**、**Java Minor version**、**Web container** 和 **Platform**，并单击 **Always On**，如图 5-31 所示。

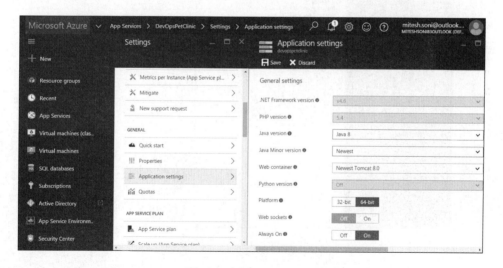

图 5-31

- 从浏览器中访问 Azure Web App 的 URL，验证是否为托管我们的样板 Spring 应用 PetClinic 做好了准备，如图 5-32 所示。

图 5-32

- 进入 **Jenkins** 仪表盘。单击 **New Item** 并选择 **Freestyle project**。
- 单击 **All Settings**，进入 **PUBLISHING** 部分的 **Deployment credentials**。提供用户名和密码，保存你的更改，如图 5-33 所示。

图 5-33

- 在 Jenkins 中，转到 **Manage Jenkins**，单击 **Configure | Configure FTP**。提供 Azure 门户中的 **Hostname**、**Username** 和 **Password**。
- 进入 devopspetclinic.scm.azurewebsites.net，下载 Kudu 控制台。浏览不同选项，找到 site directory 和 webapps 目录。

- 单击 **Test Configuration**，一旦获得 **Success** 消息，就说明已经为部署 PetClinic 应用做好了准备，如图 5-34 所示。

图 5-34

- 在我们创建的构建作业中，进入 **Build** 段，配置 **Copy artifacts from another project**。我们将把 WAR 文件复制到虚拟机上的一个特定位置，如图 5-35 所示。

图 5-35

- 在 **Post-build Actions** 中，单击 **Send build artifacts over FTP**。选择 Jenkins 中配置的 **FTP Server Name**。相应地配置 **Source files** 和 **Remove prefix**，以部署 Azure Web App。

选中 **Verbose output in console**，如图 5-36 所示。

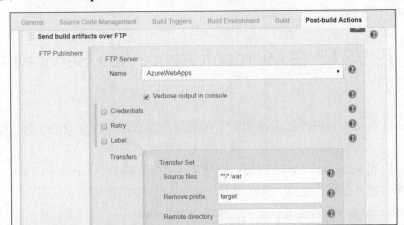

图 5-36

- 单击 **Build now**，查看后台发生了什么。
- 进入 **Kudu** 控制台，单击 **DebugConsole** 并转到 **Powershell**。进入 **site | wwwroot | webapps**。检查 WAR 文件是否已经复制：
- 在浏览器中用应用程序上下文访问 Azure Web App URL，如图 5-37 所示。

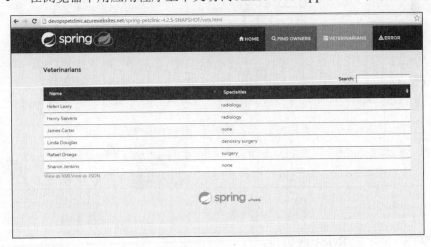

图 5-37

现在，我们已经将一个应用程序部署到 Azure Web Apps 上。

重要的是，FTP 用户名必须加上域名。在我们的例子中，用户名为 Sample9888\m1253966。使用不带 Web 应用名称的用户将无法工作。

部署到 AWS IaaS、AWS PaaS、Microsoft Azure PaaS 和 Docker 容器的所有不同方法都可用于最终的端到端自动化。

5.5　用 VSTS 在 Microsoft Azure App Services 中持续交付

Visual Studio Team Services 提供了配置持续集成和持续交付的一种方法。我们将首先进入 VSTS 账户。这里，我们需要完成如下任务。

- 配置 Microsoft Azure 订阅，以便从 VSTS 连接到 Azure Web Apps。
- 创建一个发行定义，完成 Azure Web Apps 中的应用部署任务。

在 **Recent projects & teams** 中，单击 **PetClinic**。

这将打开 VSTS 中创建的项目首页。

在最上方的菜单栏中，单击 **Build & Release**，将打开一个菜单。单击其中的 **Releases** 菜单项，如图 5-38 所示。

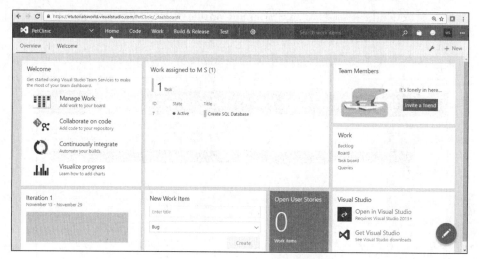

图 5-38

单击页面上的 **Releases** 链接。

因为这是个新账户，还没有创建任何发行定义，所以这一部分为空。我们可以创建**新的发行**定义，以便自动地将应用程序部署到 Azure App Services 或者 App Service Environment。

和持续集成中需要构建定义一样，在持续发行、持续交付或者持续部署中有发行定义。发行定义包含用于在目标环境部署应用程序时可能使用的不同任务。每个发行定义包含一个或者多个环境，每个环境包含一个或者多个部署应用任务。

现在，我们来创建一个新的发行定义。每个发行定义可能包含一个或者多个环境，每个环境包含一个或者多个部署应用的任务。

单击 **New Definition**，如图 5-39 所示。

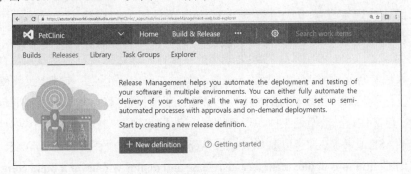

图 5-39

单击新的发行定义，将打开一个对话框，其中包含了可用于部署自动化的部署模板。

我们将在 Azure App Service / Azure Web Apps 中部署 WAR 文件，所以选择 **Azure App Service Deployment**。

单击 **Next**，如图 5-40 所示。

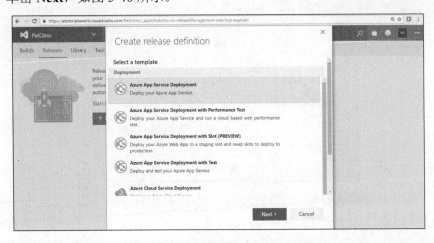

图 5-40

在解释这种部署自动化之前，让我们先回顾前几章的一些内容。

我们创建一个构建定义 **PetClinic-Maven**，该定义编译源代码、执行单元测试用例并创建一个 WAR 文件。WAR 文件是我们的工件。这个工件是构建定义执行的结果。

现在，在发行定义中，我们需要选择工件的来源——**构建**。

选择 **PetClinic** 项目。

在**源（构建定义）**中，所有与 **PetClinic** 项目相关的构建定义都将可用。我们将选择 **PetClinic-Maven**。

简而言之，我们希望实现持续集成和持续交付。这意味着，当开发人员在存储库中签入任何新代码或者缺陷修复，将自动触发一个构建定义。构建定义将编译源代码，执行单元测试（如果有的话），在配置 Sonar 时进行静态代码分析，并创建一个 WAR/ 包文件——也就是工件。一旦构建定义成功完成，就将触发一个发行定义，在托管于 ASE 或者非 ASE 环境中的 Azure Web Apps 部署一个工件，或者 **WAR** 文件。

单击 **Continuous deployment (create release and deploy whenever a build completes)** 复选框。

单击 **Create**，如图 5-41 所示。

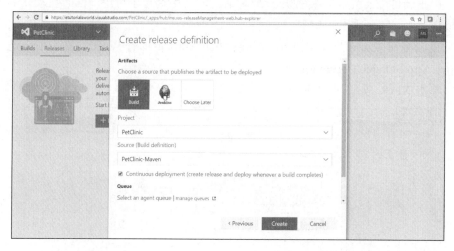

图 5-41

这将以编辑模式打开一个发行定义。我们选择 **Deploy Azure App Service**。第一个要配置的是用 VSTS 订阅 Azure。

单击 **task**，可以看到两个名为 **AzureRM Subscription** 和 **App Service Name** 的输入框。我们需要在这里配置 Azure 订阅，**应用服务名称**将自动出现在列表中。

单击 **AzureRM Subscription** 输入框旁边的 **Manage** 链接，如图 5-42 所示。

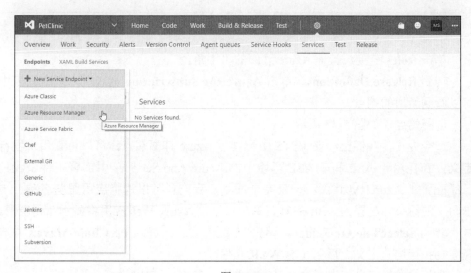

图 5-42

这将在 VSTS 门户中打开一个 **Services** 页面。此时没有配置任何服务，所以
列表为空。

单击 **New Service Endpoint**。

打开一个菜单；从该菜单中选择 **Azure Resource Manager** 菜单项，配置
Azure 订阅，如图 5-43 所示。

图 5-43

由于我们已经登录到 VSTS 和 Azure 账户，列表中将显示订阅名称。在 **Connection name** 中，输入我们在发行定义任务中用于连接到 Azure 账户的名称。

单击 **OK**。

在这里添加 Azure 订阅的目的是获得 VSTS 订阅中可用的资源列表，以便配置它们完成部署。在我们的例子中，我们需要托管在 ASE 或者非 ASE 中的 Azure Web Apps 列表，这样我们才能将 PetClinic 应用部署到 Azure Web Apps。

关闭添加 **Azure RM 端点**的输入框后，可以看到服务中的端点列表。

这样，我们就成功配置了 Azure RM 订阅，如图 5-44 所示。

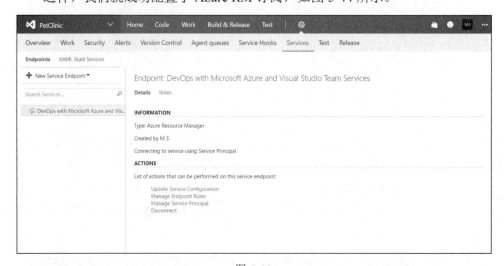

图 5-44

单击 **Roles** 链接，验证 Azure 订阅的可用角色。

转到 **Release Definitions**，单击 **AzureRM Subscription** 列表框，现在列表中可以看到新增的**端点**。

选择**端点**，如图 5-45 所示：

迄今为止，我们已经在 VSTS 中配置了 Azure 订阅端点，可以将其用于**发行定义**，在托管于 ASE 和非 ASE 环境中的 Azure App Services 中部署工件。我们已经配置了 AzureRM 订阅，一旦完全成功，我们就可以选择**应用服务名称**。单击向下的箭头，配置的 **AzureRM 订阅**中可用的 **Azure Web 应用**将显示在列表中。

转到 **Select File Or Folder**，单击三个点（...）；进入 **PecClinic-Maven** 并选择成功执行构建定义之后创建的 **WAR** 文件。

我们的**发行定义**将选择这个 WAR 文件，在 Azure Web Apps 中部署。

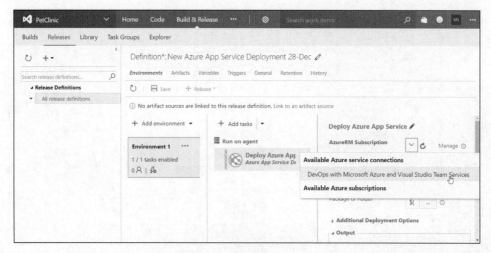

图 5-45

单击 **OK**。

现在，我们已经准备好执行**发行定义**，但是在此之前，我们必须保存**发行定义**，如图 5-46 所示。

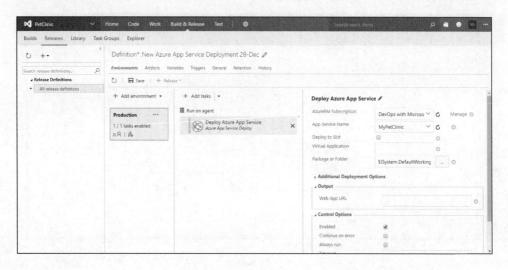

图 5-46

单击 **Save**，将打开一个新的对话框。为发行定义提供一个**注释**，然后单击 **OK**，在 VSTS 中保存发行定义，如图 5-47 所示。

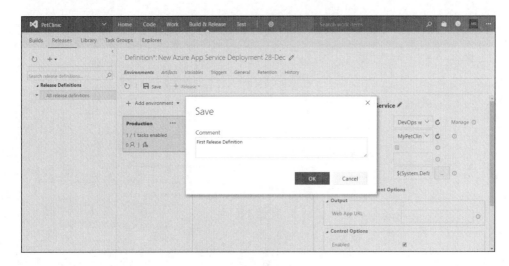

图 5-47

验证发行定义已经保存。

Triggers 部分使我们可以安排何时创建新发行的计划。我们可以将时间设置为新版本的工件可用时，换言之，当构建定义执行成功完成时，如图 5-48 所示。

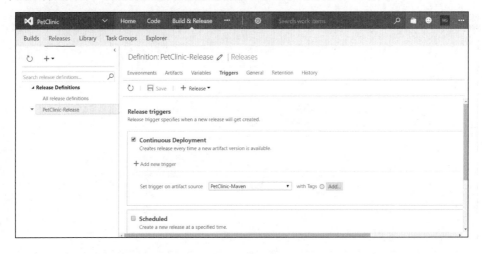

图 5-48

为了检查端到端自动化，我们将启动构建定义执行。这样，一旦执行成功，它将触发一个发行定义。保存发行定义并单击 **Queue new build**。

Queue build for PetClinic-Maven 构建定义将在成功完成时触发发行定义。单击 **OK**，如图 5-49 所示。

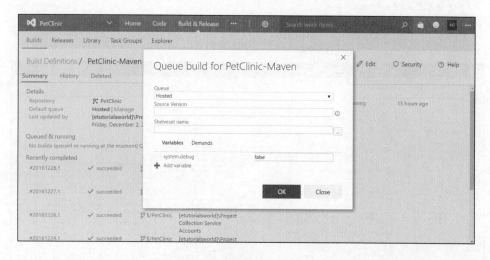

图 5-49

一旦构建定义成功完成，将触发 **PetClinic-Release** 发行定义，该定义的任务是将 .war 工件部署到 Azure App Services 中。

部署**失败**了！让我们来找出失败的原因。

发行定义执行已经失败，我们试着对这个问题进行检修，如图 5-50 所示。

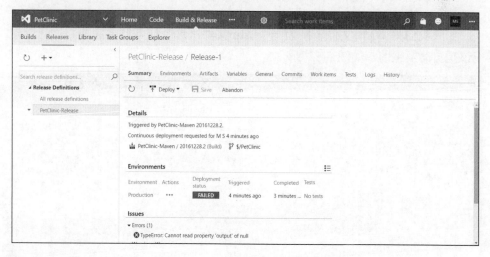

图 5-50

首先验证**历史**：我们可以看到，发行定义被触发，但是部署失败。

让我们从日志中找出失败的可能原因。

进入 **Logs** 部分，验证发行定义执行步骤。很明显，最后一个部署操作失败了。

单击失败的步骤——**Deploy Azure App Service**，如图 5-51 所示。

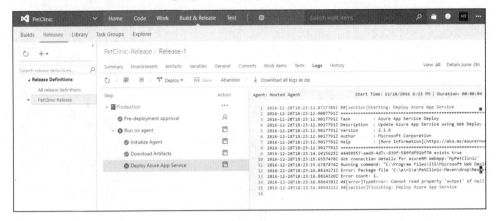

图 5-51

仔细检查日志之后，我们可以发现，日志提到 .war 没有 .zip 文件扩展名。

记住，我们选择了 petclinic.war 而不是 petclinic.zip，所以这一任务部署 .war；我们必须有一个 .zip 文件，而不是 WAR 文件。

如何解决？

如果我们将 WAR 文件转换为一个 **.zip** 文件，这个任务就会完成，而且，这应该是自动发生的，如图 5-52 所示。

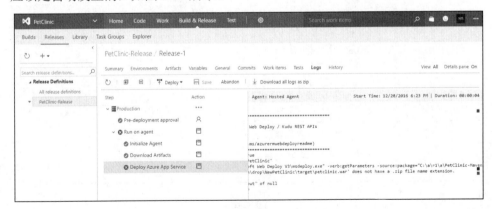

图 5-52

最好的办法是在任何任务中都将 .war 转换成 .zip 文件。我们就这么办。

1.　单击 **Add Task**，并单击 **Marketplace** 链接，如图 5-53 所示。

图 5-53

将打开一个新的市场窗口。

2.　搜索 **Trackyon**，如图 5-54 所示。

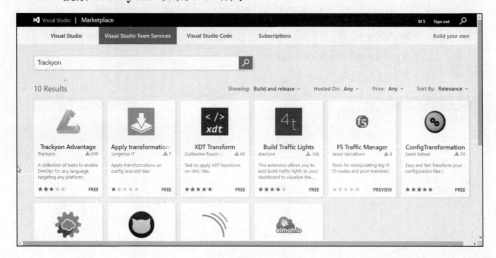

图 5-54

在部署之前，我们将用 **Trackyon** 把 WAR 文件转换为 ZIP 文件。完成这一步后，在 Azure Web Apps 上的部署应该能够成功。

3.　单击 **Install**。

4.　选择我们安装 **Trackyon** 的 VSTS 账户。

5.　单击 **Continue**。

6. 单击 **Proceed to the account**。

7. 单击 **Close**，如图 5-55 所示。

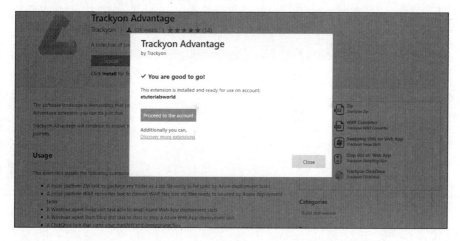

图 5-55

　　安装之后，我们的下一个任务是将这个任务添加到发行定义中，这样，在部署到 Azure Web Apps 之前，WAR 文件被转换为一个 ZIP 文件。

8. 选择 **Trackyon WAR converter** 任务。

9. 单击 **Close**，如图 5-56 所示。

图 5-56

10. 选择 WAR 文件所在文件夹。

11. 选择创建 ZIP 文件的文件夹。

12. 现在我们的发行定义需要执行两项任务：

- 将 .war 转换为 .zip 文件。
- 将 .zip 文件部署到 **Azure Web Apps** 中，如图 5-57 所示。

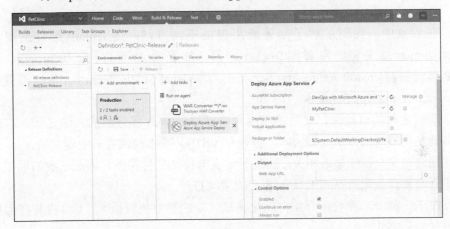

图 5-57

13. 转到 **PetClinic-Maven** 构建定义，单击 **Queue new build...**。

14. 在托管代理可用时，**构建**开始。

等待构建执行完全成功。

因为我们已经在发行定义中配置了持续交付，成功的构建定义执行将触发发行定义，实现端到端自动化。

记下**构建**编号 **Build 20161230.2**，如图 5-58 所示。

图 5-58

如果构建成功完成，将触发发行定义。

5.6　小结

在本章中，我们了解了部署应用包的不同方法：用 Jenkins 插件部署到本地 Tomcat 服务器、部署到 Docker 容器、部署到 AWS Elastic Beanstalk，用 FTP 部署到 Microsoft Azure App Services、用 Visual Studio Team Services 部署到 Microsoft Azure App Services。

观察之前的自动化，这是将应用程序部署到 Web 服务器的方法之一，这些服务器是用不同的方法（如脚本、插件和 VSTS）在本地或者云中建立的。

构建定义与持续集成相关，而发行定义与持续交付相关。因此，我们现在已经用开源和商业化的不同工具介绍了 CI 和 CD。

在下一章中，我们将介绍自动化测试（功能和负载测试），可以将其视为持续测试的一部分。

我们将在本地和云环境中，使用 Selenium 和 Apache JMeter 分别执行功能测试和负载测试。

第 6 章
自动测试（功能和负载测试）

大部分人都高估了他们在 1 年中所做的事，而低估了在 10 年中可能做的。

——比尔·盖茨

在本章中，我们将学习在非生产环境中部署应用程序后可能进行的各类测试。持续测试对于验证应用程序功能性、性能等极其重要。自动测试不仅加速验证过程，还能够有效地标准化测试的实施方法。我们的重点将是用简单的功能测试了解测试的执行方式，以及用开源和商业化工具或服务进行的负载测试。

我们将用 Selenium 创建一个功能测试样板，然后在 Eclipse IDE 中执行以验证结果。我们还将把一个基于 Selenium 的 Maven 项目与 Jenkins 集成，这样就能在 Jenkins 中执行功能测试，使其成为我们的端到端自动化目标的一部分。

至于负载测试，我们将用 Apache JMeter GUI 创建负载测试样板，然后用 Jenkins 中保存的 .jmx 文件执行负载测试。

本章将介绍如下主题：

* 用 Eclipse 进行基于 Selenium 的 Web 应用功能测试。
* Selenium 和 Jenkins 的集成。
* 在 **Visual Studio Team System（VSTS）** 中进行基于 URL 的负载测试。
* 用 Apache JMeter 进行负载测试。

6.1　用 Selenium 进行功能测试

在本章中，我们将使用 Selenium 和 Eclipse 执行功能测试用例。下面我们将一步一步地创建一个样板功能测试用例，然后用 Jenkins 执行它。

　　PetClinic 项目是基于 Maven 的 spring 应用程序，我们将用 Eclipse 和 Maven 创建一个测试用例。因此，我们将使用 Eclipse 中的 **m2eclipse** 插件。

　　我们已经安装了 Eclipse Java EE IDE for Web Developers，版本为：Mars.2 Release (4.5.2)，构建号为：20160218-0600。

1. 进入 Eclipse 市场，安装 **Maven Integration** for Eclipse 插件。

2. 用 Eclipse 里的向导创建一个 **Maven 项目**，如图 6-1 所示。

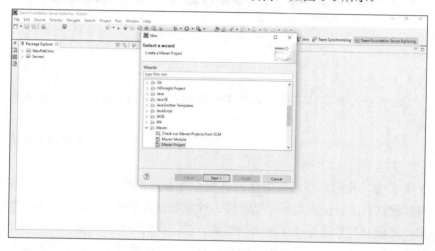

图 6-1

3. 选择 **Create a simple project (skip archetype selection)** 并单击 **Next**，如图 6-2 所示。

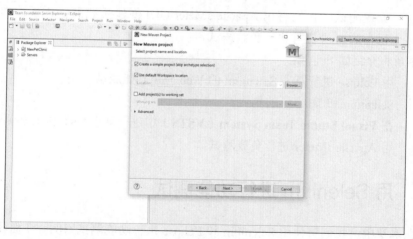

图 6-2

4. 按照向导提示创建一个项目。在 Eclipse 中创建项目需要一些时间。提供**工件**、**版本**、**打包方法**、**名称**和**描述**。单击 **Finish**。

5. 等待 Maven 项目创建和配置。确保 Maven 正常安装和配置。如果 Maven 在代理服务器后，在 Maven 目录下的 conf.xml 中配置代理服务器细节。

6. 在 Pom.xml 中，我们必须在 <project> 节点下加入 **Maven**、**Selenium**、**TestNG** 和 **JUnit** 依赖。下面是修改后的 Pom.xml。

```
<project xmlns="http://maven.apache.org/POM/4.0.0"
xmlns:xsi="http://www.w3.org/2001/XMLSchema-instance"
  xsi:schemaLocation="http://maven.apache.org/POM/4.0.0
http://maven.apache.org/xsd/maven-4.0.0.xsd">
  <modelVersion>4.0.0</modelVersion>
  <groupId>com.tiny</groupId>
  <artifactId>test</artifactId>
  <version>0.0.1-SNAPSHOT</version>
  <name>test</name>
  <build>
    <plugins>
      <plugin>
        <groupId>org.apache.maven.plugins</groupId>
        <artifactId>maven-compiler-plugin</artifactId>
        <version>3.6.1</version>
        <configuration>
          <source>1.8</source>
          <target>1.8</target>
        </configuration>
      </plugin>
      <plugin>
        <groupId>org.apache.maven.plugins</groupId>
        <artifactId>maven-surefire-plugin</artifactId>
        <version>2.19.1</version>
        <configuration>
          <suiteXmlFiles>
            <suiteXmlFile>testng.xml</suiteXmlFile>
          </suiteXmlFiles>
        </configuration>
      </plugin>
    </plugins>
  </build>
  <dependencies>
    <dependency>
```

```
        <groupId>junit</groupId>
        <artifactId>junit</artifactId>
        <version>3.8.1</version>
        <scope>test</scope>
    </dependency>
    <dependency>
        <groupId>org.seleniumhq.selenium</groupId>
        <artifactId>selenium-java</artifactId>
        <version>3.0.1</version>
    </dependency>
    <dependency>
        <groupId>org.testng</groupId>
        <artifactId>testng</artifactId>
        <version>6.8</version>
        <scope>test</scope>
    </dependency>
  </dependencies>
</project>
```

7. 添加这些更改之后保存 pom.xml，从 **Project** 菜单再次构建项目。它将
下载新的依赖模块，如图 6-3 所示。

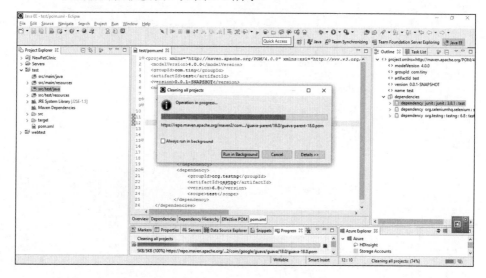

图 6-3

8. 单击对话框的 **Details** 按钮，验证进行中的操作。

9. 下一个任务是编写 **TestNG** 类。安装 **TestNG** 插件。进入 **Help** 并单击
Install New Software。添加 **Repository**，如图 6-4 所示。

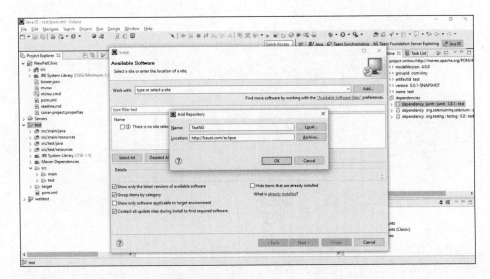

图 6-4

10. 选择我们需要安装的项目，如图 6-5 所示。

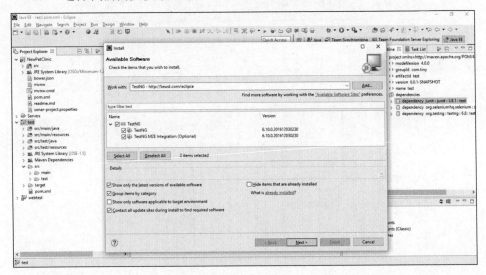

图 6-5

11. 复核所有需要安装的项目并单击 **Next**。

12. 接受许可证并单击 **Finish**。

13. 在 Eclipse 中验证安装过程。

14. 现在，创建一个 TestNG 类，如图 6-6 所示。

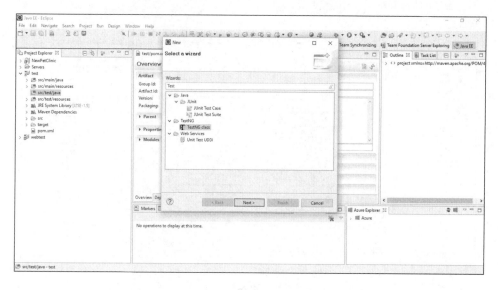

图 6-6

15.　提供**类名**，如图 6-7 所示。

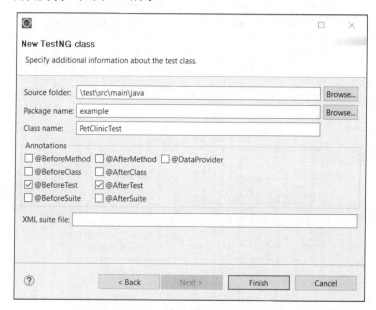

图 6-7

16.　指定**包名**并单击 **Finish**。

17.　新创建的类如图 6-8 所示。

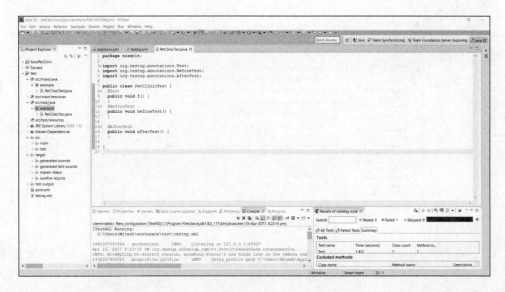

图 6-8

18.　右键单击测试文件并单击 **TestNG，convert to TestNG**。

19.　这将创建一个 testing.xml 文件，包含关于测试套件的细节，如图 6-9 所示。

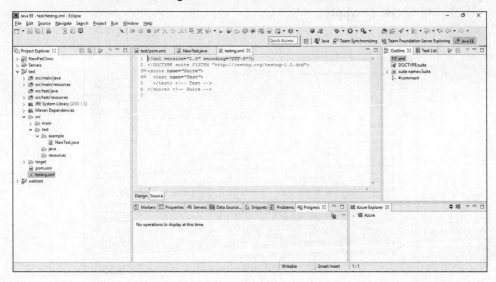

图 6-9

20.　右键单击 **Project** 并单击 **Run Configurations**。

21.　右键单击 **TestNG** 并单击 **New**，如图 6-10 所示。

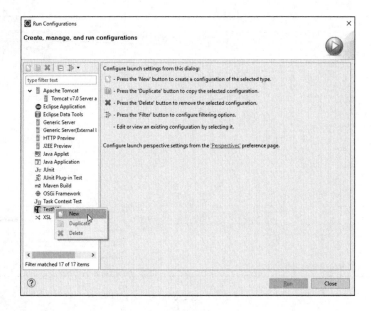

图 6-10

22. 提供**项目**名称并在 **Suite** 中选择 testing.xml。

23. 单击 **OK** 和 **Apply**。

24. 单击 **Run**，如图 6-11 所示。

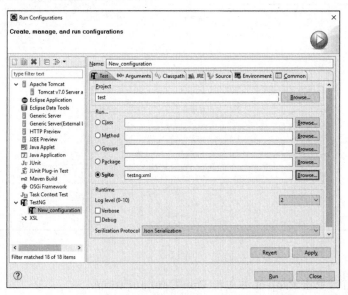

图 6-11

25. 如果 Windows 防火墙拦截它，则单击 "**允许访问**"。

26. testing.xml 中没有执行的配置，因此，继续 Maven 执行成功，也不会执行任何测试套件，如图 6-12 所示。

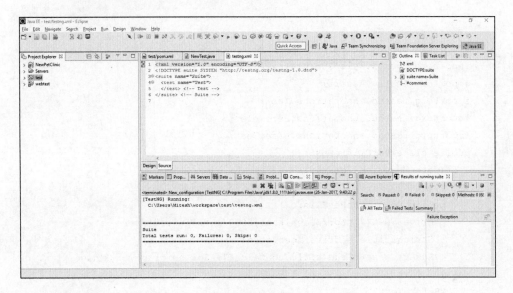

图 6-12

27. 在 test 文件夹下生成 TestNG 类。

28. 选择位置、套件名称和类名。

```
<?xml version="1.0" encoding="UTF-8"?>
<!DOCTYPE suite SYSTEM "http://testng.org/testng-1.0.dtd">
<suite name="Suite">
<test name="Test">
<classes>
<class name="example.PetClinicTest"/>
</classes>
</test><!-- Test -->
</suite><!-- Suite -->
```

29. 访问 https://githb.com/mozilla/geckodriver/releases，下载某个版本。

30. 根据我们的系统配置，提取下载的 ZIP 文件中的文件。在我们的例子中，我们下载的是 geckdriverv0.13.0-win64。

31. 单击并验证驱动程序细节。

我们还要写一些代码。这些代码将检查网页标题是否包含特定的字符串。如下代码的结果基于页面标题，如果它包含给定字符串，则测试用例通过；否则失败：

```java
package example;

importjava.io.File;
importorg.openqa.selenium.WebDriver;
importorg.openqa.selenium.firefox.FirefoxDriver;
importorg.testng.Assert;
importorg.testng.annotations.Test;
importorg.testng.annotations.BeforeTest;
importorg.testng.annotations.AfterTest;
public class PetClinicTest {
  private WebDriver driver;
    @Test
    public void testPetClinic() {
      driver.get("http://localhost:8090/petclinic/");
      String title = driver.getTitle();
      Assert.assertTrue(title.contains("a Spring Frameworkk"));
    }
    @BeforeTest
    public void beforeTest() {
      File file = new File("F:\\##DevOpsBootCamp\\geckodriver-v0.13.0-
win64\\geckodriver.exe");
          System.setProperty("webdriver.gecko.driver", file.
getAbsolutePath());
      driver = new FirefoxDriver();
    }
    @AfterTest
    public void afterTest() {
      driver.quit();
    }
}
```

IDE 中可以找到相同文件，如下所述。

从 Eclipse 中再次运行 Maven 测试。

下面是测试用例成功执行时的输出，如图 6-13 所示。

1. 验证 Eclipse 的 **Results of running suite** 部分中的 **All Tests** 选项卡。在这里可以看到成功执行，如图 6-14 所示。

图 6-13

图 6-14

2. 验证 Eclipse 的 **Results of running suite** 部分中的 **Failed Tests** 选项卡。

3. 验证 Eclipse 的 **Results of running suite** 部分中的 **Summary** 选项卡。

4. 在代码中，更改标题比较使用的文本，使测试用例失败。

5. 验证**控制台**中的输出，如图 6-15 所示。

图 6-15

6. 验证 Eclipse 的 **Results of running suite** 部分中的 **All Tests** 选项卡，注意失败的图标，如图 6-16 所示。

图 6-16

7. 验证 Eclipse 的 **Results of running suite** 部分中的 **Failed Tests** 选项卡。

8. 单击 **testPetclinic**，验证 **Failure Exception**。

9. 验证 Eclipse 的 **Results of running suite** 部分中的 **Summary** 选项卡。

这样，我们已经创建了一个基于 Selenium 的样板测试用例，验证 PetClinic 首页的标题。

6.1.1 在 Jenkins 中进行功能测试

现在，我们尝试从 Jenkins 中执行相同的测试。

1. 在**存储库**中签入一个**测试项目**。在 Jenkins 中创建一个 PetClinic-FuncTest 自由式作业。

2. 在 **Build** 部分，提供 **Root POM** 位置和需要执行的**目标与选项**，如图 6-17 所示。

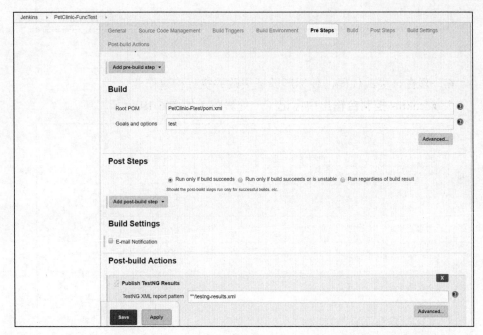

图 6-17

3. 保存构建作业并单击 **Build now**。

4. 在**控制台**输出中验证构建作业的执行。

5. 这将打开一个 Mozilla Firefox 窗口，并打开代码中给出的 URL。这要求我们的 PetClinic 应用程序部署到一个 Web 服务器，在运行中没有出现任何问题，如图 6-18 所示。

```
Jan 28, 2017 11:24:13 PM org.openqa.selenium.os.UnixProcess destroy
SEVERE: Unable to kill process with PID 9432
Tests run: 1, Failures: 0, Errors: 0, Skipped: 0, Time elapsed: 20.204 sec - in TestSuite

Results :

Tests run: 1, Failures: 0, Errors: 0, Skipped: 0

[JENKINS] Recording test results
[INFO] ------------------------------------------------------------------------
[INFO] BUILD SUCCESS
[INFO] ------------------------------------------------------------------------
[INFO] Total time: 35.953 s
[INFO] Finished at: 2017-01-28T23:24:18+05:30
[INFO] Final Memory: 16M/167M
[INFO] ------------------------------------------------------------------------
Waiting for Jenkins to finish collecting data
[JENKINS] Archiving C:\Users\Mitesh\.jenkins\workspace\PetClinic-FuncTest\PetClinic-Ftest\pom.xml to com.tiny.test/0.0.1-SNAPSHOT/test-
0.0.1-SNAPSHOT.pom
channel stopped
TestNG Reports Processing: START
Looking for TestNG results report in workspace using pattern: **/testng-results.xml
testng-results.xml was last modified before this build started. Ignoring it.
Saving reports...
Processing 'C:\Users\Mitesh\.jenkins\jobs\PetClinic-FuncTest\builds\6\testng\testng-results.xml'
TestNG Reports Processing: FINISH
Warning: you have no plugins providing access control for builds, so falling back to legacy behavior of permitting any downstream builds
to be triggered
Triggering a new build of PetClinic-LoadTest
Finished: SUCCESS
```
Page generated: Apr 17, 2017 5:42:23 PM IST   REST API   Jenkins ver. 2.32.1

图 6-18

6.　现在，更改代码，使标题验证失败并执行构建作业。

7.　Jenkins **控制台**输出中标记了一处失败，如图 6-19 所示。

```
-------------------------------------------------------
 T E S T S
-------------------------------------------------------
Running TestSuite
Tests run: 3, Failures: 1, Errors: 0, Skipped: 2, Time elapsed: 1.135 sec <<< FAILURE! - in TestSuite
beforeTest(example.NewTest)  Time elapsed: 0.685 sec  <<< FAILURE!
java.lang.IllegalStateException: The driver executable does not exist: C:\Users\Mitesh\Downloads\geckodriver-v0.13.0-win64\geckodriver.exe
        at example.NewTest.beforeTest(NewTest.java:33)


Results :

Failed tests:
  NewTest.beforeTest:33 » IllegalState The driver executable does not exist: C:\...

Tests run: 3, Failures: 1, Errors: 0, Skipped: 2

[ERROR] There are test failures.

Please refer to C:\Users\Mitesh\.jenkins\workspace\PetClinic-FuncTest\PetClinic-Ftest\target\surefire-reports for the individual test
results.
[JENKINS] Recording test results
[INFO] ------------------------------------------------------------------------
[INFO] BUILD SUCCESS
[INFO] ------------------------------------------------------------------------
[INFO] Total time: 20.679 s
[INFO] Finished at: 2017-02-27T21:52:38+05:30
[INFO] Final Memory: 14M/68M
[INFO] ------------------------------------------------------------------------
[JENKINS] Archiving C:\Users\Mitesh\.jenkins\workspace\PetClinic-FuncTest\PetClinic-Ftest\pom.xml to com.tiny.test/0.0.1-SNAPSHOT/test-
0.0.1-SNAPSHOT.pom
channel stopped
TestNG Reports Processing: START
Looking for TestNG results report in workspace using pattern: **/testng-results.xml
testng-results.xml was last modified before this build started. Ignoring it.
Saving reports...
Processing 'C:\Users\Mitesh\.jenkins\jobs\PetClinic-FuncTest\builds\7\testng\testng-results.xml'
TestNG Reports Processing: FINISH
Warning: you have no plugins providing access control for builds, so falling back to legacy behavior of permitting any downstream builds
to be triggered
Finished: UNSTABLE
```

图 6-19

8.　进入 **Project** 仪表盘，验证 **TestNG** 结果图表，如图 6-20 所示：

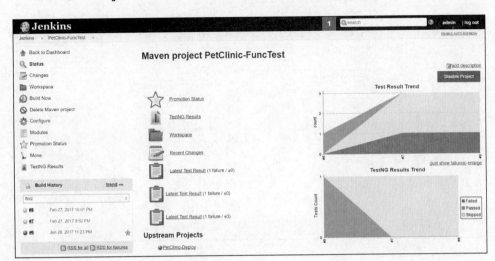

图 6-20

我们已经知道如何在 Jenkins 中执行基于 Selenium 的测试用例了。

在下一小节中，我们将了解如何用 Jenkins 执行负载测试。

6.1.2　用 Jenkins 执行负载测试

负载测试的步骤如下：

1.　打开 Apache Jmeter 控制台。创建一个**测试计划**。

2.　右键单击 **Test Plan** 并单击 **Add**：选择 **Threads**（**Users**）。

3.　选择 **Thread Group**。

4.　提供**线程组**名称。

5.　在**线程组**属性中，提供 **Number of Threads**、**Ramp-up Period**（**上升期，即建立所有线程的时间**）和 **Loop Count**。

6.　右键单击 **Thread Group**。单击 **Add**、**Sampler** 和 **HTTP Request**。

7.　在 **HTTP Request** 中，提供**服务器名称或者 IP**。在我们的例子中，服务器为 localhost 或者一个 IP 地址。

8.　给出 Web 服务器运行的**端口号**。

9.　选择 **Get** 方法，提供负载测试路径，如图 6-21 所示。

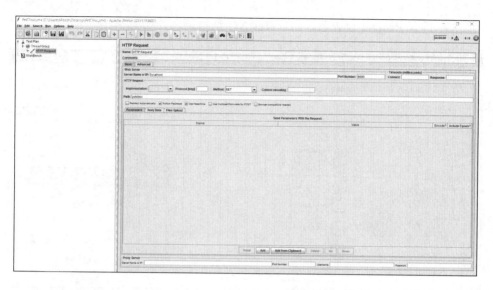

图 6-21

10. 保存 .jmx 文件。

11. 现在创建一个 Jenkins 作业。

12. 在 Jenkins 中创建自由式作业，如图 6-22 所示。

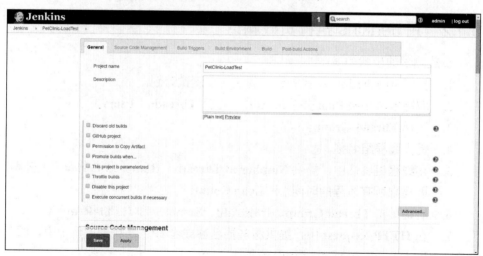

图 6-22

13. 在**构建**中添加步骤 **Execute Windows batch command**。

添加如下命令。根据安装目录和 .jmx 文件位置替换 jmeter.bat 的位置，如图

6-23 所示。

```
C:\apache-jmeter-3.0\bin\jmeter.bat -
Jjmeter.save.saveservice.output_format=xml -n -t
C:\Users\Mitesh\Desktop\PetClinic.jmx -l Test.jtl
```

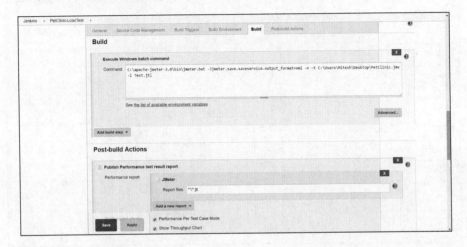

图 6-23

14. 添加一个**构建后操作**。在 **Publish Performance test result report** 中添加 ****/*.jtl** 文件。

15. 单击 **Build now**，如图 6-24 所示。

图 6-24

16. 在 **Projetct** 仪表盘上验证**性能趋势**。

17. 单击 **Performance Trend**，如图 6-25 所示。

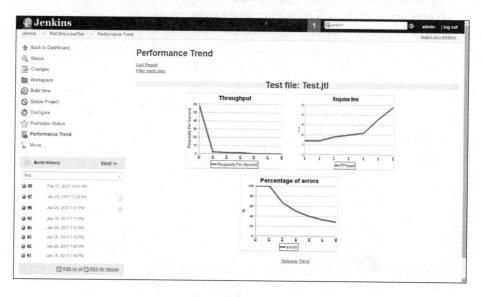

图 6-25

18. 验证 **Performance Breakdown**。

在下一小节中，我们将了解如何用 VSTS 中的可用选项，执行部署在 Microsoft Azure App Services 中的 Web 应用的负载测试。

6.2 用基于 URL 的测试和 Apache JMeter 执行 Microsoft Azure 负载测试

一旦在 Azure App Services 中成功部署了应用程序，我们就可以在 Azure App Service 或 Azure Web Apps 上执行负载测试。让我们来看看如何使用 Visual Studio Team Services 执行测试。

6.2.1 基于 URL 的测试

1. 在顶部的菜单栏中，单击 **Load Test**。我们在 VSTS 中创建一个测试并执行之。

2.　单击 **New** 并选择 **URL based test**，如图 6-26 所示。

图 6-26

3.　验证 **HTTP 方法**和 **URL**，如图 6-27 所示。

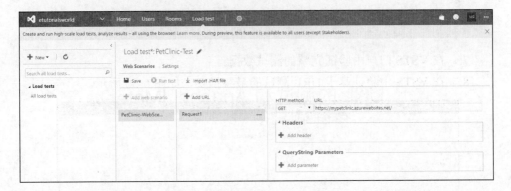

图 6-27

4.　单击 **Settings**；根据需要提供不同参数，如图 6-28 所示。

5.　单击 **Save**，然后单击 **Run test**。

6.　负载测试进行中，如图 6-29 所示。

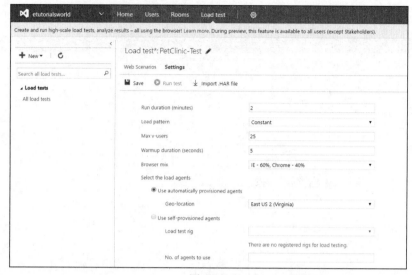

图 6-28

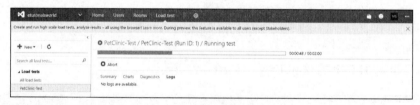

图 6-29

7.　在 VSTS 门户中验证完整的测试数据。

8.　在 VSTS 中验证基于 URL 测试的最终摘要，如图 6-30 所示。

图 6-30

9. 在 VSTS 中执行测试之后，我们还将得到**性能**及**吞吐量**图表，如图 6-31 所示。

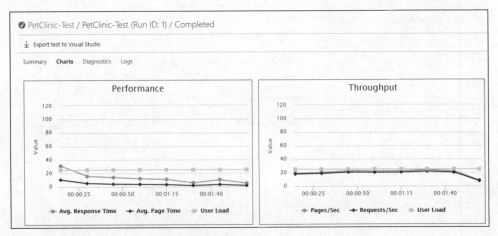

图 6-31

10. 验证测试和错误相关细节。

我们已经了解了在 Azure Web App 上如何执行基于 URL 测试。在下一小节中，我们将介绍使用 Apache JMeter 执行负载测试的方法。

6.2.2　Apache JMeter

我们常常需要验证应用服务器上的负载，根据结果，可以检查许多功能或者瓶颈以改善性能，使其高效地服务于尽可能多的请求。在本节中，我们将了解如何执行 Apache JMeter 测试，并对部署于 Azure App Services 之上的 PetClinic 应用程序执行负载测试：

 关于这个主题的更多细节，参见 http://jmeter.apache.org/usermanual/。

按照如下步骤开始执行。

1. 从 http://jmeter.apache.org/ 下载 Apache JMeter。
2. 启动该程序，在 Apache JMeter 中创建一个**线程组**。在此，我们输入**线程（用户）数量、上升期（以秒计）和循环次数**，如图 6-32 所示。

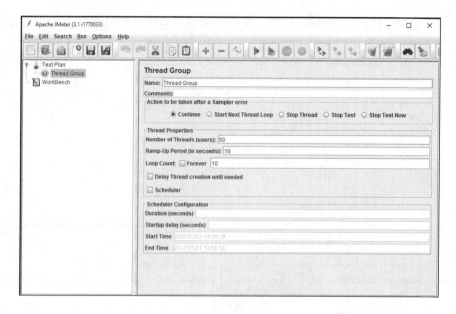

图 6-32

3. 右键单击 **Thread Group** 并单击 **Add**。

4. 选择 **Sampler** 并单击 **HTTP Request**，如图 6-33 所示。

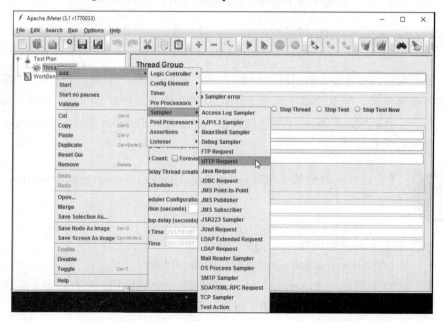

图 6-33

5. 在服务器名中提供 Azure Web App URL，选择 HTTPS 协议，如图 6-34 所示。

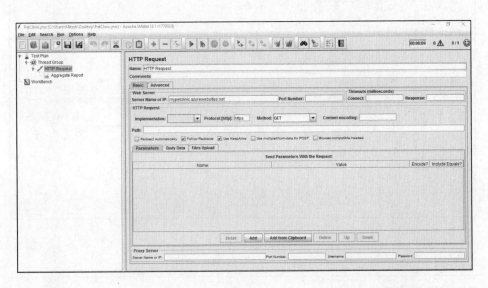

图 6-34

6. 执行测试并在 Apache JMeter 中验证结果，如图 6-35 所示。

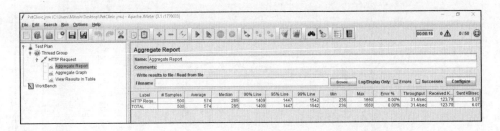

图 6-35

7. 在 **HTTP Request** 中添加 **Aggregate Graph**，如图 6-36 所示。

8. 在负载测试执行后，验证图表。

9. 要查看更多细节，单击 **View Results in Table**，如图 6-37 所示。

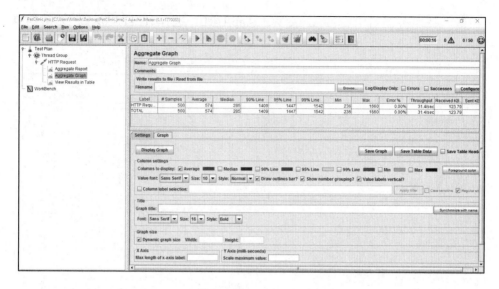

图 6-36

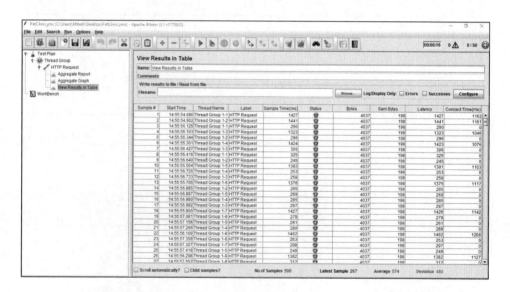

图 6-37

我们也可以在 VSTS 中执行 Apache JMeter 测试。

执行过程如下：

1. 单击 **New**，选择 **Apache JMeter test**，如图 6-38 所示。

2. 我们将使用之前用过的 JMX 文件对 Azure Web App 进行负载测试。

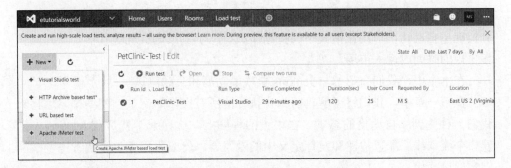

图 6-38

3. 选择**负载时长**和**负载位置**。单击 **Run Test**，如图 6-39 所示。

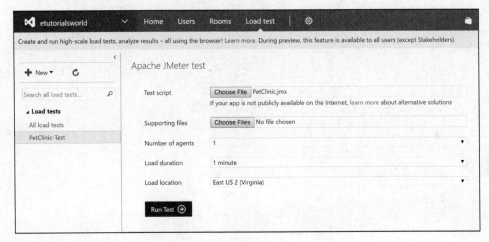

图 6-39

6.3 小结

测试是一项技能。虽然这令某些人感到吃惊，但它是一个简单的事实。

——Fewster 和 Graham

验证应用程序的质量极其重要。测试是应用程序生命期管理中不可忽视的一部分，是高质量产品的支柱。

因此，将测试作为一种习惯极其重要。不同类型的测试着眼于质量的不同维度，使应用程序更加健壮。

在我们谈到持续集成和持续交付时，持续测试起着显著的作用。如果这一部分实现了自动化，自动化模式下的持续集成有助于更快地实现健壮性，从而能够在更短的时间内进入市场。

在本章中，我们介绍了与 Jenkins 集成的功能和负载测试。

在下一章中，我们将了解目前为止执行的所有操作如何按顺序编排。这将给我们一种端到端自动化的感觉。在很大的程度上，这种编排就是在 Jenkins 中创建一个流水线，配置构建和发行定义中的触发器，使应用程序生命期管理步骤能够实现自动化。

第 7 章
编排——端到端自动化

> 沿着持续交付的道路前进的关键是，不断地问自己，对可能出现的情况有何设想。
>
> ——Jeff Sussna

在本章中，我们将讨论通过开源和商业化产品提供的编排功能，自动化应用程序生命期管理的不同方法。

我们将使用 Jenkins 插件与 Visual Studio Team Services 任务编排和自动化应用程序生命期管理中进行的各项活动。

在本章中我们将介绍如下主题：

- 用 Jenkins 进行应用程序生命期管理的端到端自动化编排；
- 用 Jenkins、Chef 和 AWS ECS 实现端到端自动化；
- 用 Jenkins 和 AWS Elastic Beanstalk 实现端到端自动化；
- 用 Jenkins 和 Microsoft Azure app services 实现端到端自动化；
- 用 VSTS 进行应用程序生命期管理的端到端自动化编排。

7.1 用 Jenkinss 实现应用程序生命期管理的端到端自动化

在第 2 章中，我们创建了一个执行如下任务的构建作业。

1. Web 应用 PetClinic 的静态代码分析，如图 7-1 所示。

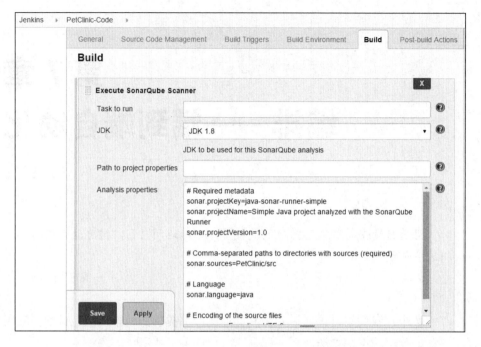

图 7-1

2. 成功执行静态代码分析，将显示一个指向 SonaQube 仪表盘的 URL，这个仪表盘用于 Jenkins 仪表盘中的一个特定项目。

3. 验证 Jenkins 仪表盘中的所有分析细节，如图 7-2 所示。

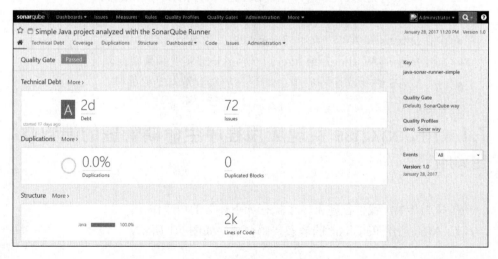

图 7-2

4. 编译源文件、执行单元测试，如图 7-3 所示。

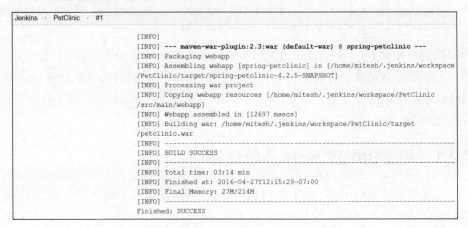

图 7-3

5. 单元测试结果可在 Jenkins 项目仪表盘中查看。

6. 创建包文件，如图 7-4 所示。

```
Jenkins  ›  PetClinic  ›  #1

[INFO]
[INFO] --- maven-war-plugin:2.3:war (default-war) @ spring-petclinic ---
[INFO] Packaging webapp
[INFO] Assembling webapp [spring-petclinic] in [/home/mitesh/.jenkins/workspace
/PetClinic/target/spring-petclinic-4.2.5-SNAPSHOT]
[INFO] Processing war project
[INFO] Copying webapp resources [/home/mitesh/.jenkins/workspace/PetClinic
/src/main/webapp]
[INFO] Webapp assembled in [12697 msecs]
[INFO] Building war: /home/mitesh/.jenkins/workspace/PetClinic/target
/petclinic.war
[INFO] ------------------------------------------------------------------------
[INFO] BUILD SUCCESS
[INFO] ------------------------------------------------------------------------
[INFO] Total time: 03:14 min
[INFO] Finished at: 2016-04-27T12:15:29-07:00
[INFO] Final Memory: 27M/214M
[INFO] ------------------------------------------------------------------------
Finished: SUCCESS
```

图 7-4

一旦我们的包文件准备就绪，就可以将其部署到 AWSEC2 实例、Microsoft Azure 虚拟机、AWS Elastic Beanstalk、Microsoft Azure App Services、容器，或者从安装 Jenkins 的系统中可以访问的任何物理机器。

7.2 用 Jenkins、Chef 和 AWS EC2 实现端到端自动化

在本节中，我们将用 Jenkins 中的 **Build Pipeline** 插件编排不同任务。

在第 4 章中，我们安装了一个 Chef 工作站，配置了托管 Chef 账户，并为 AWS 和 Microsoft Azure 安装了 knife 插件。

我们用如下命令，在 AWS EC2 中创建了一个实例。

```
[root@devops1 Desktop]# knife ec2 server create -I ami-1ecae776 -f
t2.micro-N DevOpsVMonAWS --aws-access-key-id '< Your Access Key ID >'
--aws-secretaccess-key '< Your Secret Access Key >' -S book --identity-
file book.pem --ssh-user ec2-user -r role[v-tomcat]
```

用如下命令在 Microsoft Azure 中创建了一个虚拟机。

```
[root@devops1 Desktop]# knife azure server create --azure-dns-name
'distechnodemo' --azure-vm-name 'dtserver02' --azure-vm-size 'Small' -N
DevOpsVMonAzure2 --azure-storage-account 'classicstorage9883'
--bootstrapprotocol'cloud-api' --azure-source-image
'5112500ae3b842c8b9c604889f8753c3__OpenLogic-CentOS-67-20160310'
--azureservice-location 'Central US' --ssh-user 'dtechno' --ssh-password
'cloud@321' -r role[v-tomcat] --ssh-port 22
```

我们在托管 Chef 中验证了 AWS EC2 实例和 Microsoft Azure 虚拟机注册。

上述命令都是从命令提示行执行的。在 Jenkins 中，我们可以执行 Windows、Linux 或者 Mac 命令。我们可以创建一个自由式作业，从 Jenkins 构建作业中执行相同命令。

7.2.1　用密钥配置 SSH 身份验证

从我们安装 Jenkins 的系统上，可以访问安装在虚拟机上的一个 Chef 工作站。我们可以用笔记本电脑上的 VirtualBox 或者 VMware workstation 创建一个虚拟机；然后可以安装 CentOS 6 或者 7，按照第 4 章中的方法配置 Chef 工作站。在开始用构建流水线插件和上游 / 下游作业配置端到端自动化及编排之前，我们将用一个密钥配置 SSH 身份验证。

配置 SSH 身份验证的主要目标是使 Jenkins 虚拟机可以连接到 Chef 工作站虚拟机。这样，我们就可以从 Jenkins 机执行 Chef 工作站上的命令，用 Chef 工作站在 AWS 或者 Azure 云中创建实例，并在实例上安装一个运行时环境，部署 PetClinic 应用程序，如图 7-5 所示。

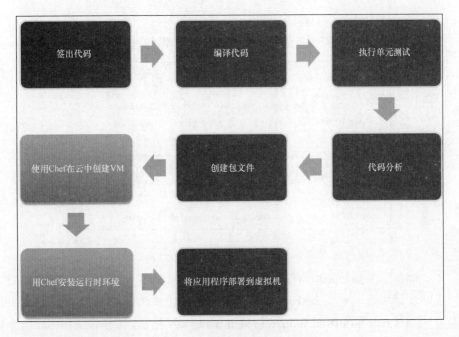

图 7-5

如果我们试图从 Jenkins 访问 Chef 工作站，则不能成功，因为我们仍然需要一个免密码配置，在 Jenkins 作业执行中，不能在工作流的中间等待密码输入。下面我们在 Jenkins 上配置免密码 Chef 工作站访问：

1. 在安装 Jenkins 的虚拟机上打开一个终端。使用 ssh-keygen 创建一个新密钥，如图 7-6 所示。

图 7-6

2. 在本地文件系统上验证密钥。

3. 用 ssh-copy-id 将密钥复制到配置 Chef 工作站的远程主机，如图 7-7 所示。

```
File  Edit  View  Search  Terminal  Help
[root@devops1 Desktop]# ssh-copy-id -i ~/.ssh/id_rsa.pub 192.168.0.106
Agent admitted failure to sign using the key.
root@192.168.0.106's password:
Now try logging into the machine, with "ssh '192.168.0.106'", and check in:

  .ssh/authorized_keys

to make sure we haven't added extra keys that you weren't expecting.

[root@devops1 Desktop]# ssh-copy-id -i ~/.ssh/id_rsa.pub mitesh@192.168.0.106
mitesh@192.168.0.106's password:
Now try logging into the machine, with "ssh 'mitesh@192.168.0.106'", and check i
n:

  .ssh/authorized_keys

to make sure we haven't added extra keys that you weren't expecting.
```

图 7-7

4. 现在，在 Jenkins 构建作业中用 execute 执行命令，访问 Chef 工作站虚拟机。

5. 如果失败，则在 Jenkins 虚拟机上用终端尝试访问 Chef 工作站。如果得到 **Agent admitted failure to sign using key** 消息，则执行 ssh-add 命令修复问题。

6. 一旦在终端中连接成功，就执行 ifconfig 命令找出 IP 地址，以便找出命令在哪一个虚拟机上执行，如图 7-8 所示。

```
[mitesh@devops1 Desktop]$ ssh-copy-id -i ~/.ssh/id_rsa.pub root@192.168.0.103
root@192.168.0.103's password:
Now try logging into the machine, with "ssh 'root@192.168.0.103'", and check in:

  .ssh/authorized_keys

to make sure we haven't added extra keys that you weren't expecting.

[mitesh@devops1 Desktop]$ ssh -t root@192.168.0.103
Agent admitted failure to sign using the key.
root@192.168.0.103's password:

[mitesh@devops1 Desktop]$ ssh-add
Identity added: /home/mitesh/.ssh/id_rsa (/home/mitesh/.ssh/id_rsa)
[mitesh@devops1 Desktop]$ ssh -t root@192.168.0.103
Last login: Thu Jul 28 12:21:56 2016 from 192.168.0.106
[root@devops1 ~]# ifconfig
eth5      Link encap:Ethernet  HWaddr 00:0C:29:91:3F:2F
          inet addr:192.168.0.103  Bcast:192.168.0.255  Mask:255.255.255.0
          inet6 addr: fe80::20c:29ff:fe91:3f2f/64 Scope:Link
          UP BROADCAST RUNNING MULTICAST  MTU:1500  Metric:1
          RX packets:2664 errors:0 dropped:0 overruns:0 frame:0
          TX packets:1727 errors:0 dropped:0 overruns:0 carrier:0
          collisions:0 txqueuelen:1000
          RX bytes:716002 (699.2 KiB)  TX bytes:197090 (192.4 KiB)

lo        Link encap:Local Loopback
          inet addr:127.0.0.1  Mask:255.0.0.0
          inet6 addr: ::1/128 Scope:Host
          UP LOOPBACK RUNNING  MTU:65536  Metric:1
          RX packets:50663 errors:0 dropped:0 overruns:0 frame:0
          TX packets:50663 errors:0 dropped:0 overruns:0 carrier:0
          collisions:0 txqueuelen:0
```

图 7-8

7. 在这一阶段，我们使用创建和配置以替代密码的密钥，成功地建立了 SSH 连接。

8. 现在，我们可以从 Jenkins 虚拟机访问 Chef 工作站，这样就可以从 Jenkins，在 Chef 工作站上执行 knife 命令了。我们的下一个目标是尝试用 Jenkins 构建作业和 Chef 工作站，在 AWS 中创建一个实例。

9. 在一个 Jenkins 构建作业中，添加一个**构建**步骤，选择 **Execute shell**，并添加如下命令。我们已经讨论过 knife ec2 命令，如图 7-9 所示。

```
ssh -t -t root@192.168.1.36 "ifconfig; rvm use
2.1.0; knife ec2 server create -I ami-1ecae776 -f
t2.micro -N DevOpsVMonAWS1 --aws-access-key-id
'<YOUR ACCESS KEY ID>' --aws-secret-access-key
'<YOUR SECRET ACCESS KEY>' -S book --identity-file
book.pem --ssh-user ec2-user -r role[v-tomcat]"
```

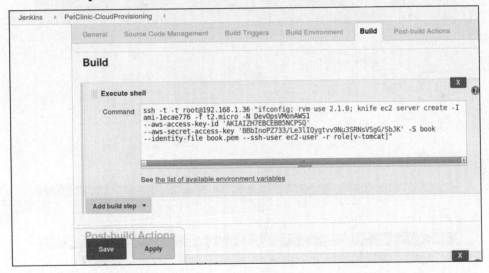

图 7-9

10. 替换你自己的访问密钥 ID 和访问密钥密码。单击 **Save**，再单击 **Build now** 连接执行构建作业。

11. 进入**控制台输出**，检查进度，如图 7-10 所示。

12. 检查日志；AWS 实例创建已经开始。

13. 在 AWS 管理控制台上验证，如图 7-11 所示。

14. 在进一步执行之前，检查 AWS 安全组是否有一个 SSH 访问条目，如图 7-12 所示。

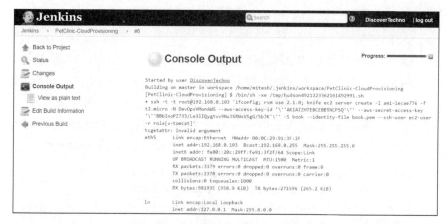

图 7-10

图 7-11

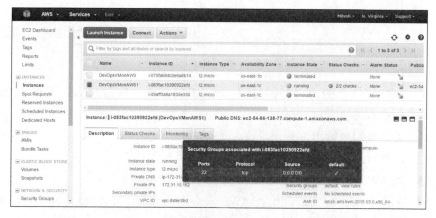

图 7-12

15. 一旦 SSH 访问可用，就将启动 Chef 客户端安装。

16. 在我们的例子中，将开始下载 Chef 客户端，并在我们用 chef 工作站创建的 AWS 实例上安装。

17. 在控制台上验证 Chef 安装过程。一旦 Chef 客户端安装在 AWS 实例，就将启动第一次 Chef 客户端执行。

18. 观察运行列表和烹饪书同步。这将汇聚和启动包安装。

19. 验证包安装。

20. 系统还将显示 conf.xml，可以根据配置在这个文件中验证端口相关细节。

21. 包安装结束后，将启动服务管理。

22. 现在，Chef 客户端执行已经结束，系统将显示我们创建的 AWS 实例的相关信息，如图 7-13 所示。

```
[36mec2-52-23-215-193.compute-1.amazonaws.com[0m

[36mec2-52-23-215-193.compute-1.amazonaws.com[0m Chef Client finished, 13/15 resources
seconds

[36mInstance ID[0m: i-024d3bf83022b89e4
[36mFlavor[0m: t2.micro
[36mImage[0m: ami-1ecae776
[36mRegion[0m: us-east-1
[36mAvailability Zone[0m: us-east-1d
[36mSecurity Groups[0m: default
[36mSecurity Group Ids[0m: default
[36mTags[0m: Name: DevOpsVMonAWS
[36mSSH Key[0m: book
[36mRoot Device Type[0m: ebs
[36mRoot Volume ID[0m: vol-00aae3951d7ed88bb
[36mRoot Device Name[0m: /dev/xvda
[36mRoot Device Delete on Terminate[0m: true


[35mBlock devices[0m
[35m===========================[0m
[36mDevice Name[0m: /dev/xvda
[36mVolume ID[0m: vol-00aae3951d7ed88bb
[36mDelete on Terminate[0m: true


[35m===========================[0m
[36mPublic DNS Name[0m: ec2-52-23-215-193.compute-1.amazonaws.com
[36mPublic IP Address[0m: 52.23.215.193
[36mPrivate DNS Name[0m: ip-172-31-31-133.ec2.internal
[36mPrivate IP Address[0m: 172.31.31.133
[36mEnvironment[0m: _default
[36mRun List[0m: role[v-tomcat]
Connection to 192.168.0.103 closed.
Finished: SUCCESS
```

图 7-13

23. 检查 AWS 管理控制台成功状态。

24. 验证托管 Chef 中的注册节点，如图 7-14 所示。

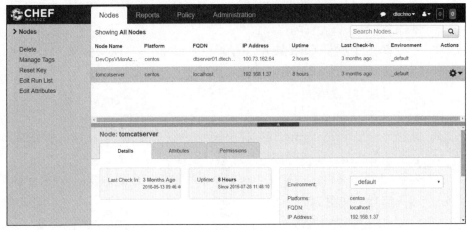

图 7-14

在这一阶段，我们准备好了一个 AWS 实例，在上面安装了 Tomcat 和 Java，这样就可以很轻松地部署应用程序了。现在，我们已经准备好了配置构建流水线的所有资源：

1. 进入 **PetClinic-Code** 作业，从**构建后操作**中选择 **Build other projects**。

2. 在 **Projects to build** 中输入 **PetClinic**，如图 7-15 所示。

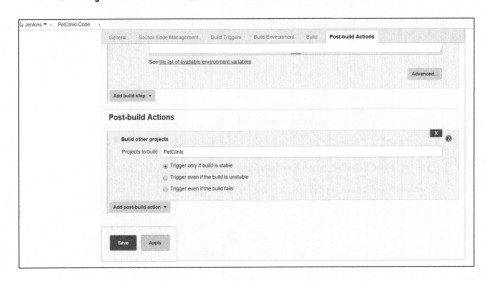

图 7-15

3. 在这里，**PetClinic-Code** 成为 PetClinic 的上游项目，PetClinic 则成为 **PetClinic-Code** 的下游项目。**构建流水线**插件需要用上游和下游项目直观地确立关系。

4. 进入 **PetClinic-Code** 作业，从 **Add Postbuild Actions** 中选择 **Build other projects**。

5. 在 **Projects to build** 中输入 **PetClinic-CloudProvisioning**，如图 7-16 所示。

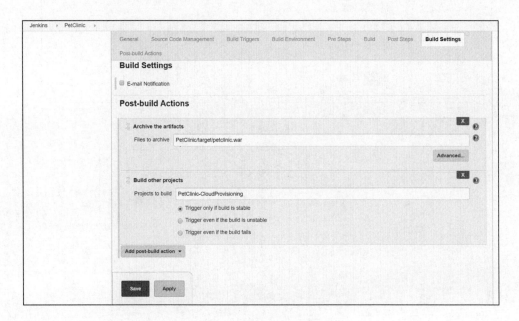

图 7-16

6. 如果这个构建作业成功执行，则意味着部署的虚拟机已经准备好了运行时环境。

7. 进入 **PetClinic-CloudProvisioning** 作业，从 **Add Post-build Actions** 中选择 **Build other projects**，如图 7-17 所示。。

8. 在 **Downstream Project Names** 中输入 **PetClinic-Deploy**。

9. 验证了工件复制操作之后，配置构建作业，使我们可以将其作为人工操作部署。我们将用新创建实例的域名或者 IP 地址作为 **String Parameter**，创建一个作业，如图 7-18 所示。

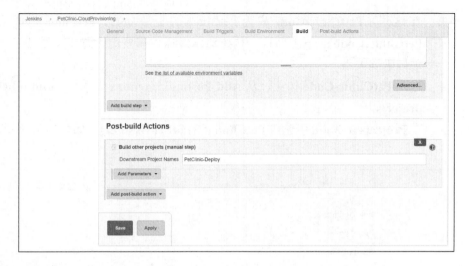

图 7-17

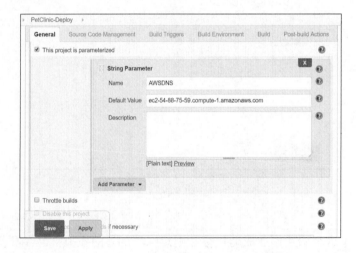

图 7-18

10. 配置构建作业,执行如下命令,在 AWS 实例中部署一个 WAR 文件。

```
ssh -i /home/mitesh/book.pem -o
StrictHostKeyChecking=no -t -t ec2-user@$AWSDNS
"sudousermod -a -G tomcat ec2-user; sudochmod -R
g+w /var/lib/tomcat6/webapps; sudo service tomcat6
stop;"

scp -i /home/mitesh/book.pem
/home/mitesh/target/*.war ec2-
```

```
user@$AWSDNS:/var/lib/tomcat6/webapps

ssh -i /home/mitesh/book.pem -o
StrictHostKeyChecking=no -t -t ec2-user@$AWSDNS
"sudo service tomcat6 start"
```

11. 从 Jenkins 构建作业的 **Execute shell** 部分执行以下命令，如图 7-19 所示。

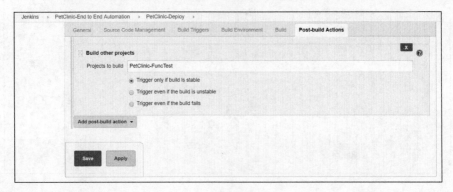

图 7-19

12. 一旦构建作业成功执行，就意味着应用程序部署成功，我们可以进行功能测试。

13. 在 **PetClinic-FuncTest** 构建中，用 **Promotion** 插件配置提升，如图 7-20 所示。

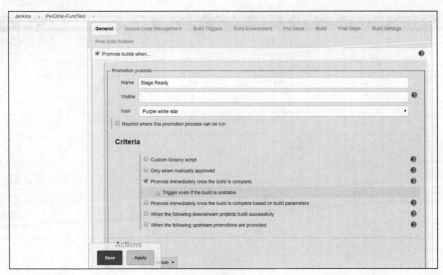

图 7-20

14. 执行 **PetClinic-FuncTest** 之后，我们的流水线结束，如图 7-21 所示。

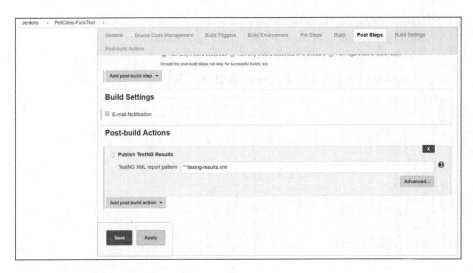

图 7-21

15. 保存 PetClinic-FuncTest 并验证上游项目。

16. 从 **Manage Jenkins | Manage Plugins** 中安装一个 **Build Pipeline** 插件。

17. 在 **Jenkins** 仪表盘上，单击＋号。

18. 提供 **View name**，如图 7-22 所示。

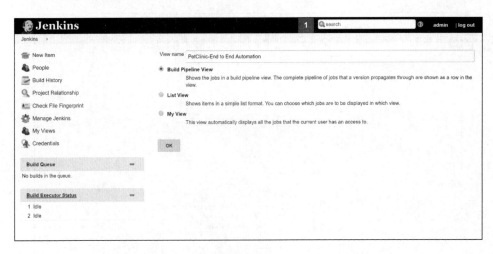

图 7-22

19. 在上游 / 下游配置中**选择初始作业**，如图 7-23 所示。

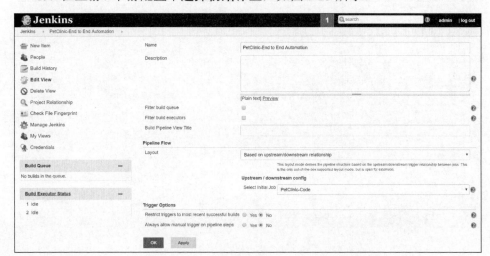

图 7-23

20. 单击 **Run** 执行。确保在 Jenkins 中配置的 Tomcat 和 Sonar 运行。

21. 我们已经在 **Build other projects** 中将 **PetClinic-Deploy** 配置为下游项目（人工步骤）。我们还定义了参数，如图 7-24 所示。

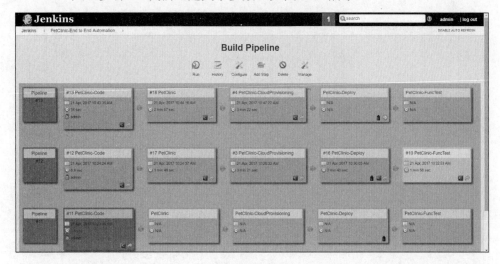

图 7-24

应用程序生命期管理端到端自动化的构建流水线。

22. 验证参数符号，如图 7-25 所示。

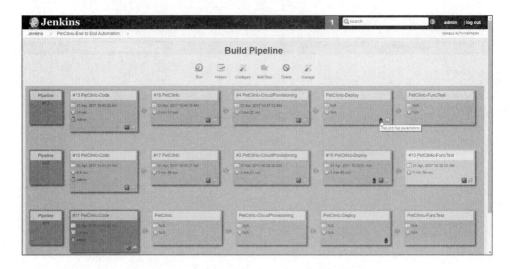

图 7-25

包含参数化作业的构建流水线。

23. **PetClinic-CloudProvisioning** 项目成功完成后，记下域名，将其作为 **PetClinic-Deploy** 项目中的默认参数。

24. 单击 **Trigger**，如图 7-26 所示。

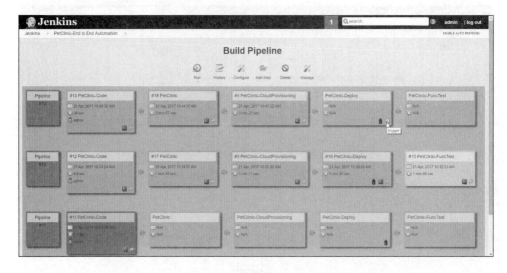

图 7-26

使用人工触发器的构建流水线。

25. 验证端到端构建流水线执行。

我们可以使用**构建流水线**插件，编排不同活动的自动化。

7.3 用 Jenkins 和 AWS Elastic Beanstalk 实现端到端自动化

要在 Amazon Elastic Beanstalk（PaaS）中部署 PetClinic Spring 应用，我们需要如下工作流程，如图 7-27 所示。

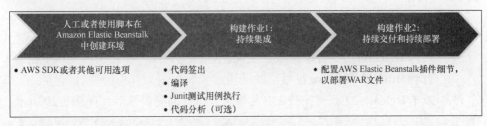

图 7-27

我们在本章中已经创建了 **PetClinic-Code**、**PetClinic** 和 **PetClinic-Deploy-ElasticBeanstalk** 构建作业。

将 **PetClinic** 配 置 为 **PetClinic-Code** 的 下 游 作 业；将 **PetClinic-Deploy-ElasticBeanstalk** 配置为 **PetClinic** 的下游作业。

7.4 用 Jenkins 和 Microsoft Azure 应用服务实现端到端自动化

要在 Microsoft Azure web apps（PaaS）中部署 PetClinic 应用，需要遵循如下工作流程，如图 7-28 所示。

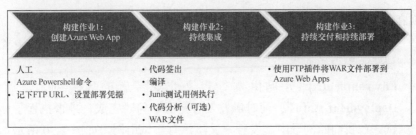

图 7-28

我们在本章中已经创建了 **PetClinic-Code**、**PetClinic** 和 **PetClinic-Deploy-Azure** 构建作业。将 **PetClinic** 配置为 **PetClinic-Code** 的下游作业；将 **PetClinic-Deploy-Azur** 配置为 PetClinic 的下游作业。

在 Microsoft Azure 下，还有一个替代方法：我们可以使用 Visual Studio Team 服务器和 TFS online 实现持续集成、持续交付和持续部署。

7.5 用 VSTS 进行应用程序生命期管理的端到端自动化编排

在第 5 章中，我们了解了用 VSTS 部署 Web 应用的方法：

1. 进入 **Releases**，检查最新发行定义。
2. 查看 **Build & Release** 栏目，验证构建号。
3. 双击 **Release-22** 获得 VSTS 中发行定义执行的更多细节，如图 7-29 所示。

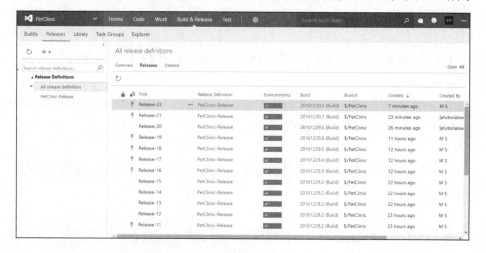

图 7-29

现在，我们验证 VSTS 中发行定义执行的细节。

1. 在 **Details** 中，验证触发发行定义执行的构建号。这里还提供请求持续部署的用户的细节。
2. **Environments** 部分提供发行定义完成部署的环境细节，还显示 **Deployment status**：何时触发发行定义、何时完成、是否执行了任何测试。在我们的例子中，发行定义里没有测试用例，如图 7-30 所示。

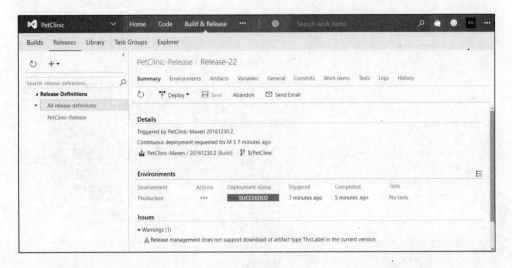

图 7-30

3. 单击 **Logs**，获得发行定义执行的更多细节。日志中显示了发行定义执行期间执行的一系列步骤。

4. 如果设置了批准机制，系统首先要求批准；得到批准之后，这些步骤将在一个代理上运行。系统首先初始化代理；然后，一旦代理可用于发行定义执行，它将从源文件夹下载工件（WAR 文件）。

5. 我们已经知道，不能直接部署 WAR 文件，根据我们的配置，将把 WAR 文件转换为一个 ZIP 文件。得到包的 ZIP 文件之后，我们的 Deploy Azure App Service 任务将把应用程序包部署到 Azure Web Apps 中。

6. 单击每个步骤，获得步骤执行的详细日志。

7. 让我们看看 **WAR Converter **/*.war** 步骤做了什么。

8. 类似地，Deploy Azure App Service 步骤执行将给出部署过程执行的细节，如图 7-31 所示。

9. 因为没有配置**部署后**批准，所以这一步是自动批准的，构建执行成功，如图 7-32 所示。

我们已经知道了 Azure Web 应用的 URL，也可以从 Azure 门户得到。访问该 URL，检查应用程序是否正确部署。

这样，到目前为止，我们已经用持续集成和持续部署配置了应用程序生命期管理的端到端自动化。

图 7-31

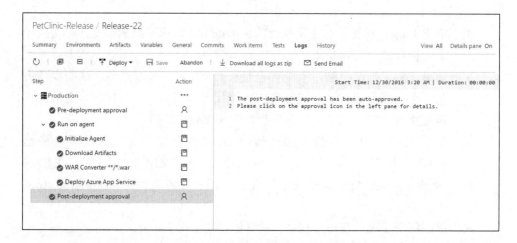

图 7-32

我们对不同的环境使用部署插槽（Slot）。这样，应该在发行定义中创建多个环境，并执行一次部署。

那么，下一个问题应该是，如何创建一个环境，并用它在 Azure Web Apps 的特定部署插槽中进行包部署？

在发行定义中，单击 **+Add environment**，选择 **Create new environment**。如果我们想在新环境中使用现有环境的相同任务，可以选择 **Clone selected environment**，如图 7-33 所示。

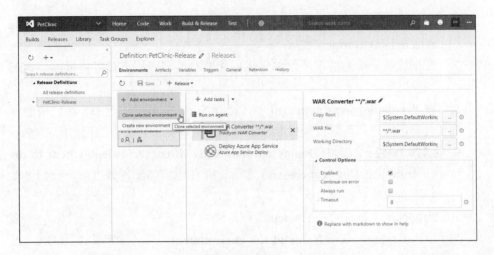

图 7-33

在新环境中，保持部署前批准自动化。

1. 选 择 **Trigger**， 并 选 择 **Deploy automatically whenever a deployment to the environment Production is successful**。一旦所有环境配置，就可以重新安排或者命名。

2. 为发行定义执行选择 **Hosted** 代理。

3. 单击 **Create**。

4. 双击 **Name of the environment**，可以改变环境的名称。

5. 根据环境，配置余下部署细节，如图 7-34 所示。

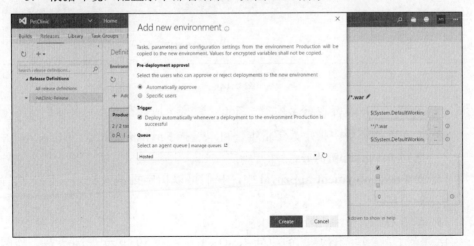

图 7-34

6. 将现有环境名称改为 **Dev** 并单击 (...)，将打开一个菜单，选择 **Clone selected environment** 选项。

7. 在创建新环境的情况下，如果我们想要在部署过程进行之前批准，该怎么做？

8. 在 **Pre-deployment approval** 中，选择 **Specific users**。VSTS 账户中的所有可用用户都可以得到批准权限。我们可以提供列表中的任何用户名。

9. 选择 **Trigger**，选中 **Deploy automatically whenever a deployment to the environment Dev is successful** 选项。所有环境都配置好以后，我们可以重新布置或者重命名。

10. 为发行定义执行选择 **Hosted** 代理。

11. 单击 **Create**。双击 **Name of the environment**，将环境名称改为 QA。根据环境，配置其余部署细节，如图 7-35 所示。

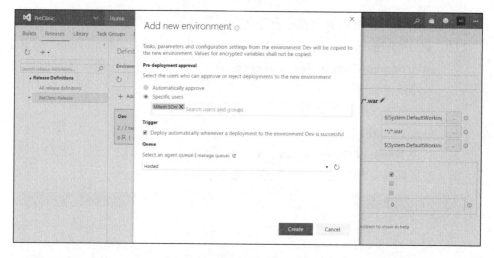

图 7-35

12. 以类似方法配置 UAT 环境。

13. 要在任何环境中指定人工批准，可以选择 **Environments**，单击 (...)，并选择 **Assign approvers**...。

14. 在 **Pre-deployment approval** 中，我们可以指定批准发行定义部署执行的用户。

15. 单击 **OK**。

16. 我们只需要配置最近创建的不同环境中部署 WAR 文件的位置，如图 7-36 所示。

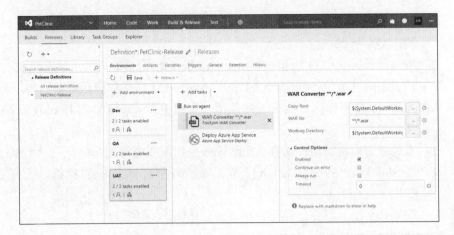

图 7-36

我们从 **Dev** 环境开始。

1. 单击 **Dev** 环境。

2. 进入发行定义中的 **Deploy Azure App Service** 任务。

3. 在前面的练习中，我们已经配置了 **AzureRM 订阅**和**应用服务名称**。

4. 要将 WAR 文件部署到特定的插槽（本例中是 **dev**），单击 **Deploy to Slot**
   复选框。

5. 系统将询问**资源组**；选择 Azure Web 应用所在资源组。

6. 在 **Slot** 列表中，将列出所有为 Azure Web Apps 创建的插槽。选择 **dev**
   插槽。

7. 保持其余细节不变，保存发行定义，如图 7-37 所示。

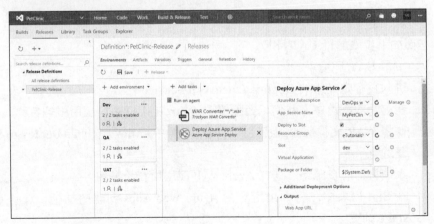

图 7-37

现在，我们来配置 **QA** 环境。

1. 单击 **QA** 环境。

2. 进入发行定义中的 **Deploy Azure App Service** 任务。

3. 在前面的练习中，我们已经配置了 **AzureRM 订阅**和**应用服务名称**。

4. 要将 WAR 文件部署到特定的插槽（本例中是 **qa**），单击 **Deploy to Slot** 复选框。

5. 系统将询问**资源组**；选择 Azure Web 应用所在资源组。

6. 在 **Slot** 列表中，将列出所有为 Azure Web Apps 创建的插槽。选择 **qa** 插槽。

7. 保持其余细节不变，保存发行定义，如图 7-38 所示。

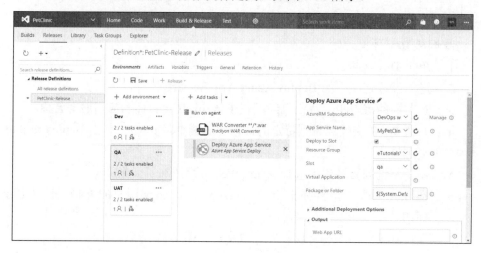

图 7-38

按照如下步骤配置 **UAT** 环境。

1. 单击 **UAT** 环境。

2. 进入发行定义中的 **Deploy Azure App Service** 任务。

3. 在前面的练习中，我们已经配置了 **AzureRM 订阅**和**应用服务名称**。

4. 要将 WAR 文件部署到特定的插槽（本例中是 **dev**），单击 **Deploy to Slot** 复选框

5. 系统将询问**资源组**；选择 Azure Web 应用所在资源组。

6. 在 **Slot** 列表中，将列出所有为 Azure Web Apps 创建的插槽。选择 **uat/ stage** 插槽。

7. 保持其余细节不变，保存发行定义，如图 7-39 所示。

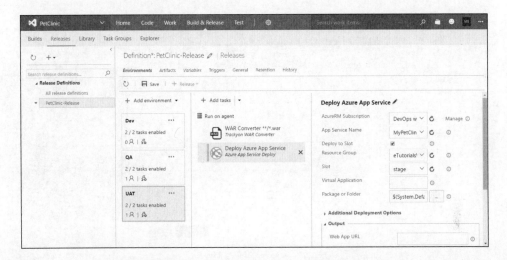

图 7-39

8. 要在生产插槽或者主 Azure Web Apps 中部署应用，我们不需要选择任何插槽，只需要提供 Azure Web 应用名称，它就将部署到 Azure 中的主 Web 应用中，如图 7-40 所示。

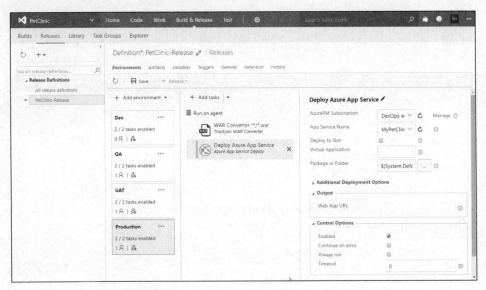

图 7-40

9. 保存发行定义。

10. 单击 **Release** 链接，如图 7-41 所示。

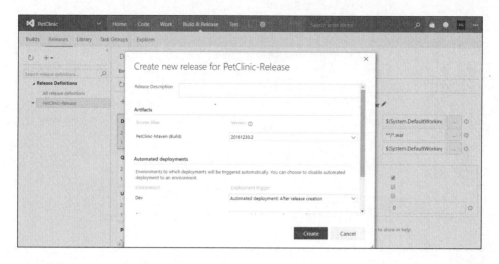

图 7-41

我们在发行定义执行中已经设置了批准过程，所以除非批准人批准，发行定义执行不会进行。

查看发行定义执行摘要部分的警告，它说明 dev 环境的部署前批准处于待定状态。

因为我已经配置自己的 ID 为批准人，可以找到批准或者拒绝构建的链接，如图 7-42 所示。

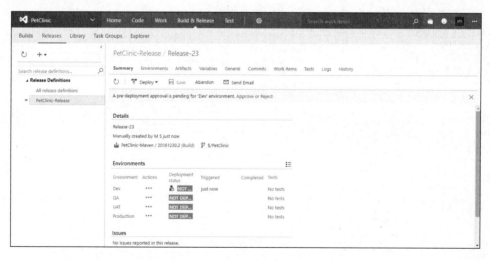

图 7-42

1. 单击 **Approve** 或者 **Reject** 链接。

2. 这将打开一个小对话框，我们必须在其中提供注释，并单击 **Approve** 或者 **Reject**。在这一机制中，我们也可以指定多个批准人，还可以设置是由任一个批准人批准，还是所有批准人批准。

3. 在本例中，我们将单击 **Approve**，如图 7-43 所示。

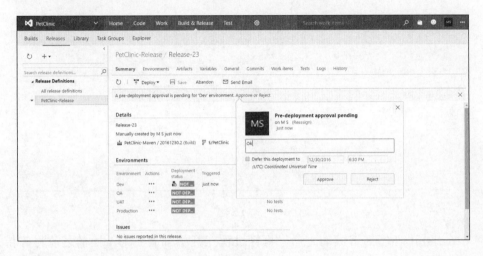

图 7-43

4. 现在，在 **Logs** 中，我们可以看到已经得到 **Pre-deployment approval**，其余过程将被执行，在 **Dev** 插槽部署应用程序，如图 7-44 所示。

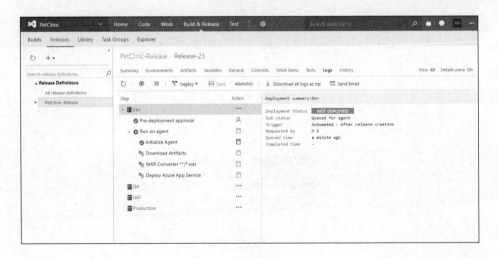

图 7-44

5. 构建定义中的工件将被下载，转换成 ZIP 文件，然后部署到 **Dev** 插槽中，如图 7-45 所示。

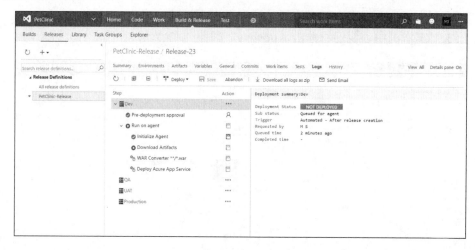

图 7-45

6. **Dev** 环境部署成功之后，执行过程在开始部署到 **QA** 插槽之前将等待批准。

7. 我们必须提供批准，使应用部署继续执行，如图 7-46 所示。

图 7-46

8. 在发行中，我们可以看到有 4 个不同环境，因为在发行定义中我们创建了这些环境。

9.　我们可以看到发行定义执行的当前状态，如图 7-47 所示。

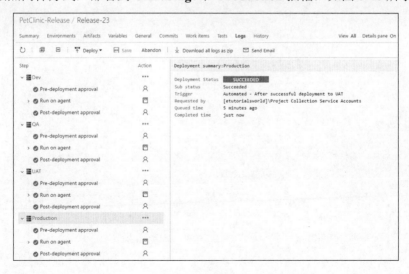

图 7-47

10.　批准 **QA** 插槽部署，系统将把 WAR 文件部署到 **QA** 插槽。

我们必须牢记，在不同的 Azure Web 应用部署插槽中部署应用，除了某些参数之外，整个过程将是相同的，没有任何变化。

我们必须记住，每个插槽都是一个真正的 Web 应用。所以，如果我们想要查看应用程序部署在哪里，后台发生了哪些其他的情况，可以进入每个插槽的 Kudu 编辑器，验证为在 Azure Web 应用的每个插槽中部署所进行的操作。

按照同样方式，部署到 **UAT/Stage** 和 **Production** 插槽，如图 7-48 所示。

图 7-48

现在，作为你自己的练习，在应用程序代码中提交一些更改，观察构建定义的执行情况；在成功执行构建作业之后触发发行定义的方式；以及应用程序在不同插槽上是如何部署的。完成这一步之后，访问 Azure Web 应用程序部署插槽的特定 URL，检查不同环境中的应用部署是否成功。

7.6　小结

在本章中，我们看到了自动化应用程序生命期管理中不同任务的方法。

我们用 Jenkins 在 AWS 和 Microsoft Azure 云服务提供者上部署了一个应用程序，用 Chef 配置管理工具安装了运行时环境。

我们还用 Jenkins 在 AWS Elastic Beanstalk 上部署了一个应用程序，使用 Visual Studio Team Services 实现在 Microsoft Paas 产品 Azure App Services 中部署应用的端到端自动化。

在下一章中，我们将学习更多关于配置安全性和监控的细节。我们将进一步了解 Jenkins、VSTS 和 Microsoft Azure 可用资源的基于角色访问。

第 8 章
安全与监控

展示巨大的成功和明显的好处，是让其他人同意尝试你的做事方法的关键。

——Frederic Rivain

安全性是应用程序生命期管理中最重要的部分，因此，这一服务增加了 DevOps 环境的价值。

在本章中，我们将介绍用户管理、监控和一些检修问题。

我们将了解如何在 Jenkins 和 VSTS 中创建和管理用户。使用开源和商业化工具在功能性上没有很大变化，但是易用性和支持程度可能有所不同。

本章将介绍如下主题：

- Jenkins 中的用户管理。
- **Visual Studio Team Services（VSTS）**中的用户管理。
- Jenkins 和 Microsoft Azure 监控。
- Azure Web App 检修与监控。

8.1 Jenkins 和 VSTS 中的安全性

对于 Jenkins 和 VSTS 来说，安全性是一个重要的考虑因素，但是并不止于那个方面。安全性是包括应用程序和基础设施安全的整体视角。考虑到我们在云环境中运营这一事实，基础设施安全更为关键。

在本章中，我们将介绍 Jenkins 和 VSTS 中的用户管理。

8.2　Jenkins 中的用户管理

安全性包括**身份验证**和**授权**，它们是"AAA 三重奏"的组成部分，如图 8-1 所示。

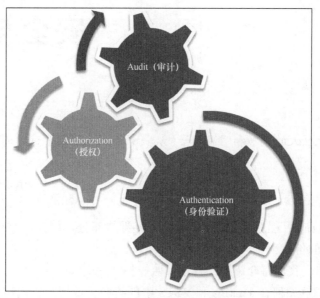

图 8-1

要进行安全性配置，在 Jenkins 中进入 **Manage Jenkins**，单击 **Configure Global Security**，如图 8-2 所示。

图 8-2

单击 **Enable Security**，启用 Jenkins 安全性。Jenkins 默认启用安全性，如图 8-3 所示。

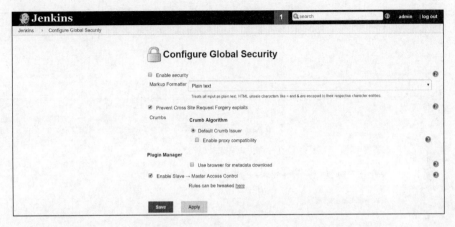

图 8-3

我们必须将 **TCP port for JNLP agents** 选项改为 **Random**，这样才能配置代理。

在 **Authentication** 的 **Access Control** 选项中，选择 **Security Realm** 中的 **Jenkins' own user database**。

单击 **Allow users to sign up**，这样新用户才能创建账户，如图 8-4 所示。

图 8-4

在 **Authorization** 中，选择 **Matrix-based security**，为所有用户提供必要的权限，如图 8-5 所示。

图 8-5

我们也可以选择 **Project-based matrix Authorization Strategy**。在这种情况下，我们必须进入单独的构建作业或者项目，并进行配置，如图 8-6 所示。

图 8-6

选中 **Enable project-based security**，为单独用户授权，如图 8-7 所示。

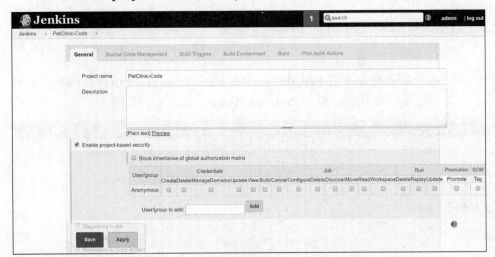

图 8-7

我们往往会忘了专门为管理用户提供权限就保存安全配置，从而意外地锁定了 Jenkins。

在这种情况下，为了恢复 Jenkins 访问，进入安装 Jenkins 的操作系统的 **JENKINS_HOME** 路径。

打开 Config.xml，将 useSecrutiy 的值改为 false，重启 Jenkins，如图 8-8 所示。

```xml
<?xml version='1.0' encoding='UTF-8'?>
<hudson>
  <disabledAdministrativeMonitors>
    <string>jenkins.diagnostics.SecurityIsOffMonitor</string>
  </disabledAdministrativeMonitors>
  <version>2.32.1</version>
  <numExecutors>2</numExecutors>
  <mode>NORMAL</mode>
  <useSecurity>true</useSecurity>
  <authorizationStrategy class="hudson.security.ProjectMatrixAuthorizationStrategy">
    <permission>com.cloudbees.plugins.credentials.CredentialsProvider.Create:admin</permission>
    <permission>com.cloudbees.plugins.credentials.CredentialsProvider.Delete:admin</permission>
    <permission>com.cloudbees.plugins.credentials.CredentialsProvider.ManageDomains:admin</permission>
    <permission>com.cloudbees.plugins.credentials.CredentialsProvider.Update:admin</permission>
    <permission>com.cloudbees.plugins.credentials.CredentialsProvider.View:admin</permission>
    <permission>hudson.model.Computer.Build:admin</permission>
    <permission>hudson.model.Computer.Configure:admin</permission>
    <permission>hudson.model.Computer.Connect:admin</permission>
    <permission>hudson.model.Computer.Create:admin</permission>
    <permission>hudson.model.Computer.Delete:admin</permission>
    <permission>hudson.model.Computer.Disconnect:admin</permission>
    <permission>hudson.model.Hudson.Administer:admin</permission>
    <permission>hudson.model.Hudson.ConfigureUpdateCenter:admin</permission>
```

图 8-8

在下一小节中，我们将了解 VSTS 中的用户管理。

8.2.1　VSTS 中的用户管理

按照以下步骤配置用户管理。

1. 打开新创建的项目 **PetClinic**，单击设置图标。在 **Project profile** 页面可以看到团队信息。单击 **PetClinic Team**，如图 8-9 所示。

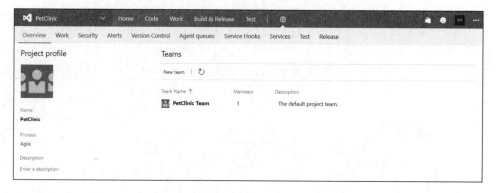

图 8-9

2. 默认情况下，管理账户已经成为团队的一个成员。单击 **+Add...** 添加一个新的团队成员以便协作，如图 8-10 所示。

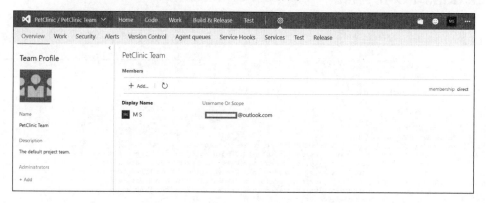

图 8-10

3. 使用登录地址或者组别名，单击 **Save changes**，如图 8-11 所示。
4. 在仪表盘中验证 **PetClinic Team** 的团队成员，如图 8-12 所示。

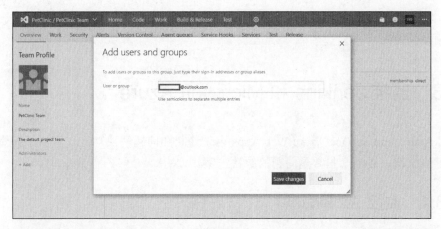

图 8-11

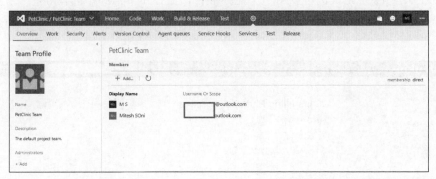

图 8-12

5.　转到团队项目的主页，验证 **Team Members** 部分，如图 8-13 所示。

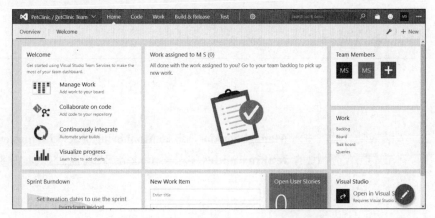

图 8-13

我们已经成功地在项目主团队中添加了一个团队成员,这就是创建项目、管理团队的方法。

8.3 监控 Jenkins 和 Microsoft Azure

Azure App Service/Azure Web Apps 自带诊断和问题解决功能,可以了解资源的健康状况,提供一些常见问题的解决方案。

8.3.1 监控 Jenkins

在 Jenkins 中,我们可以用一个监控插件,监控主节点和不同代理。

1. 进入 **Manage Jenkins|Manage Plugins**,安装**监控插件**,如图 8-14 所示。

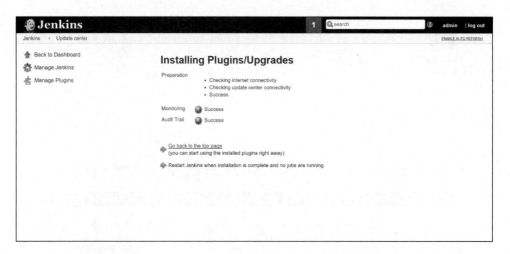

图 8-14

2. 安装成功之后,进入 **Manage Jenkins**,选择 **Monitoring of Jenkins master**。

3. 单击同一部分中的 **Jenkins nodes**,观察 Jenkins 代理监控,如图 8-15 所示。

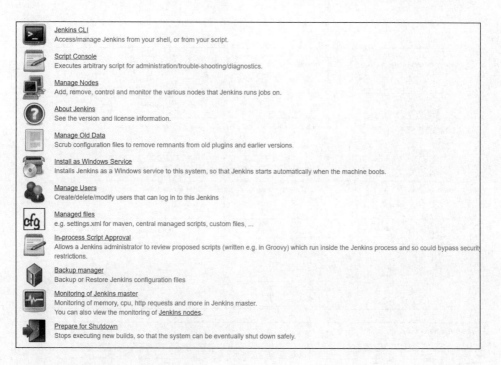

图 8-15

4.　在浏览器中验证特定时间点的 JavaMelody 监控统计，如图 8-16 所示。

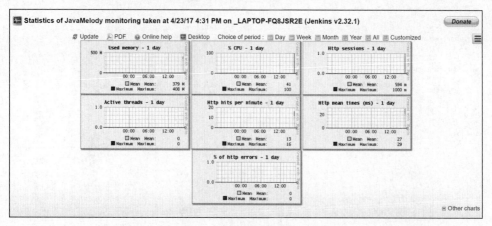

图 8-16

5.　单击 **Other charts** 获取 Jenkins 不同方面的信息，如缓存、线程计数、交换空间等，如图 8-17 所示。

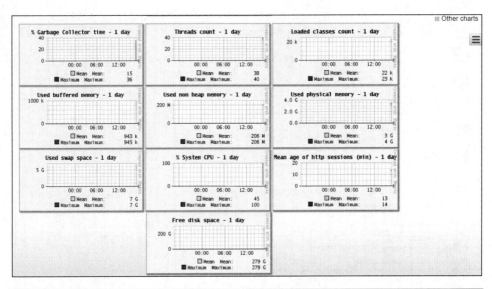

图 8-17

6.　向下滚动，获取关于**线程**的详细信息，如图 8-18 所示。

7.　单击 **Debugging logs** 获取更多细节，如图 8-19 所示。

8.　在最底部可以看到调试日志，如图 8-20 所示。

Threads

Threads on LAPTOP-FQ8JSR2E@192.168.99.1: Number = 37, Maximum = 51, Total started = 782 ⊟ Details

Thread	Daemon?	Priority	State	Executed method	Cpu time (ms)	User time (ms)	Kill
Attach Listener	yes	5	RUNNABLE		0	0	
AWT-Windows	yes	6	RUNNABLE	sun.awt.windows.WToolkit.eventLoop(Native Method)	578	234	
DestroyJavaVM	no	5	RUNNABLE		3,031	2,484	
FilePath localPool [#64]	yes	5	TIMED_WAITING		46	31	
Finalizer	yes	8	WAITING	java.lang.Object.wait(Native Method)	1,062	187	
Handling GET /monitoring from 0.0.0.0:0.0.1 : RequestHandlerThread[#56]	yes	5	RUNNABLE	java.lang.Thread.dumpThreads(Native Method)	1,750	1,296	
IOHub#1: Selector[keys:0, gen:0] / Computer.threadPoolForRemoting [#31]	yes	5	RUNNABLE	sun.nio.ch.WindowsSelectorImpl$SubSelector.poll0(Native Method)	31	31	
Java2D Disposer	yes	10	WAITING	java.lang.Object.wait(Native Method)	15	15	
javamelody	yes	5	TIMED_WAITING	java.lang.Object.wait(Native Method)	359	109	
Jenkins cron thread	no	5	RUNNABLE		0	0	
Jenkins UDP 33848 monitoring thread	no	5	RUNNABLE	java.net.TwoStacksPlainDatagramSocketImpl.receive0(Native Method)	0	0	
Jenkins.util.Timer [#10]	yes	5	WAITING	sun.misc.Unsafe.park(Native Method)	218	109	
Jenkins.util.Timer [#1]	yes	5	WAITING	sun.misc.Unsafe.park(Native Method)	406	203	
Jenkins.util.Timer [#2]	yes	5	WAITING	sun.misc.Unsafe.park(Native Method)	406	218	
Jenkins.util.Timer [#3]	yes	5	WAITING	sun.misc.Unsafe.park(Native Method)	515	203	
Jenkins.util.Timer [#4]	yes	5	WAITING	sun.misc.Unsafe.park(Native Method)	375	171	
Jenkins.util.Timer [#5]	yes	5	WAITING	sun.misc.Unsafe.park(Native Method)	343	125	
Jenkins.util.Timer [#6]	yes	5	WAITING	sun.misc.Unsafe.park(Native Method)	437	203	
Jenkins.util.Timer [#7]	yes	5	TIMED_WAITING	sun.misc.Unsafe.park(Native Method)	578	140	
Jenkins.util.Timer [#8]	yes	5	WAITING	sun.misc.Unsafe.park(Native Method)	343	125	

图 8-18

```
JavaMelody 1.65.0
⊟ Debugging logs
Sun Apr 23 16:29:07 IST 2017   DEBUG   JavaMelody filter init started
Sun Apr 23 16:29:07 IST 2017   DEBUG   OS: Windows 10 , amd64/64
Sun Apr 23 16:29:07 IST 2017   DEBUG   Java: Java(TM) SE Runtime Environment, 1.8.0_111-b14
Sun Apr 23 16:29:07 IST 2017   DEBUG   Server: jetty/9.2.z-SNAPSHOT
Sun Apr 23 16:29:07 IST 2017   DEBUG   Webapp context:
Sun Apr 23 16:29:07 IST 2017   DEBUG   JavaMelody version: 1.65.0
Sun Apr 23 16:29:07 IST 2017   DEBUG   JavaMelody classes loaded from: file:/C:/Users/Mitesh/.jenkins/plugins/monitoring/WEB-INF/lib/javamelody-core-1.65.0.jar
Sun Apr 23 16:29:07 IST 2017   DEBUG   Application type: Jenkins
Sun Apr 23 16:29:07 IST 2017   DEBUG   Host: LAPTOP-FQ8JSR2E@192.168.99.1
Sun Apr 23 16:29:07 IST 2017   DEBUG   parameter defined: storage-directory=/C:/Users/Mitesh/.jenkins/monitoring
Sun Apr 23 16:29:07 IST 2017   DEBUG   parameter defined: http-transform-pattern=/id+/|/site/.+|/avadoc/.+|/ws/.+|obertura/.+|/estReport/.+|/iciations/file/.+|/user/.+|/static/|w+/|/adjuncts/|w+/|/bound/[|w\-]+
Sun Apr 23 16:29:07 IST 2017   DEBUG   parameter defined: custom-reports=Jenkins Info,About Monitoring
Sun Apr 23 16:29:07 IST 2017   DEBUG   parameter defined: no-database=true
Sun Apr 23 16:29:07 IST 2017   DEBUG   parameter defined: gzip-compression-disabled=true
Sun Apr 23 16:29:07 IST 2017   DEBUG   parameter defined: system-actions-enabled=true
Sun Apr 23 16:29:07 IST 2017   DEBUG   parameter defined: maven-repositories=C:/Users/Mitesh/.m2/repository,http://repo1.maven.org/maven2,http://repo.jenkins-ci.org/public
Sun Apr 23 16:29:07 IST 2017   DEBUG   log listeners initialized
Sun Apr 23 16:29:07 IST 2017   DEBUG   counters initialized
Sun Apr 23 16:29:07 IST 2017   DEBUG   counters data read from files in C:/Users/Mitesh/.jenkins/monitoring\_LAPTOP-FQ8JSR2E
Sun Apr 23 16:29:08 IST 2017   DEBUG   collect task scheduled every 60s
Sun Apr 23 16:29:13 IST 2017   DEBUG   first collect of data done
Sun Apr 23 16:29:13 IST 2017   DEBUG   JavaMelody filter init done in 6770 ms
Sun Apr 23 16:29:13 IST 2017   DEBUG   counters data read from files in C:/Users/Mitesh/.jenkins/monitoring/nodes
```

图 8-19

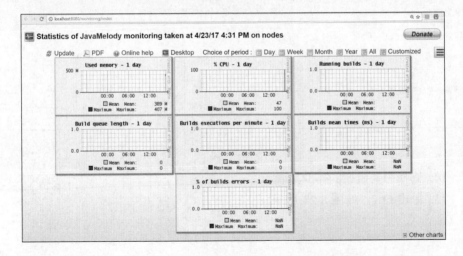

图 8-20

9. 我们也可以用 **Build Monitor View** 插件监控不同的**构建作业**。

10. 转到 **Manage Jenkins|Manage Plugins**，安装 **Build Monitor View** 插件，如图 8-21 所示。

图 8-21

11. 插件成功安装后，转到 **Jenkins** 仪表盘，单击 + 符号。

12. 提供 **View name**。

13. 选择 **Build Monitor View** 并单击 **OK**，如图 8-22 所示。

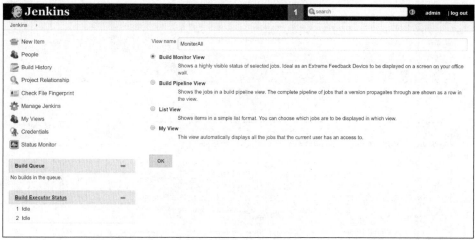

图 8-22

14. 选择想要监控的作业数量。

15. 单击 **OK**，如图 8-23 所示。

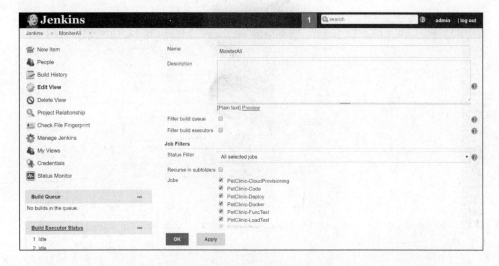

图 8-23

16. 从一个窗口中，我们可以监控 **Build Monitor View** 中配置的所有**构建作业**状态，如图 8-24 所示。

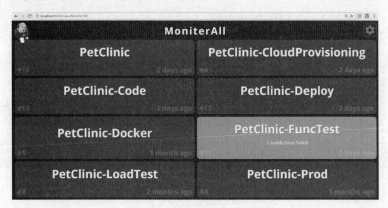

图 8-24

在本书中，我们在 Microsoft Azure Web Apps 上也部署了应用程序，因此在下一节中将了解如何监控和检修 Azure Web Apps。

8.3.2 Azure Web Apps 检修和监控

我们将深入 Azure App Services 的**诊断和问题解决**部分，了解更多细节，如图 8-25 所示。

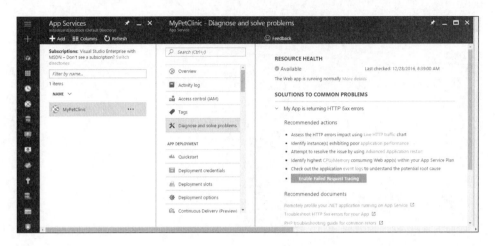

图 8-25

1. 转到 Azure **App Services**，选择前面创建的 Azure Web 应用。单击 **Diagnose and solve problems**。

2. 另一个窗格将打开，显示 **RESOURCE HEALTH** 指示器和 **SOLUTIONS TO COMMON PROBLEMS**。

3. 我们可以根据状态和绿色的指示器，确定 **MyPetClinic** 应用可用且正常运行。

在我使用 Azure Web Apps 的时候，曾经多次碰到 HTTP 5xx 错误，原因各不相同。识别问题根源对问题的修复也很重要。下面提供一些快速解决方案/建议。

1. 在 **RESOURCE HEALTH** 中，单击 **More details**，获取 **MyPetClinic** 应用程序的现有状态，如图 8-26 所示。

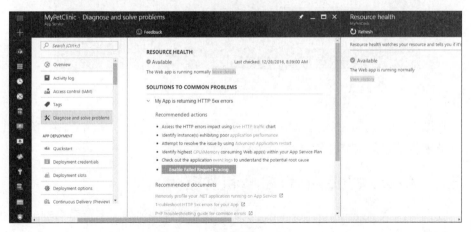

图 8-26

2. 单击 **View History**，找出 Azure Web 应用何时可用、何时不可用的细节，
如图 8-27 所示。

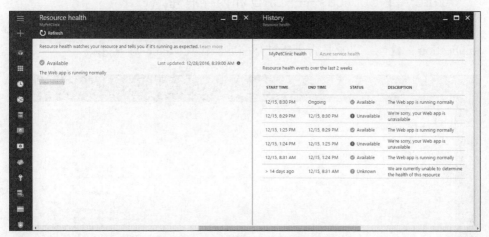

图 8-27

Azure App Services——HTTP 实时流量

在 **SOLUTIONS TO COMMON PROBLEMS** 中，我们可以评估实时流量，
知道现有资源能够满足当前负载。

如果实时流量正常，这可能不是问题所在，我们应该进一步排除故障，如图
8-28 所示。

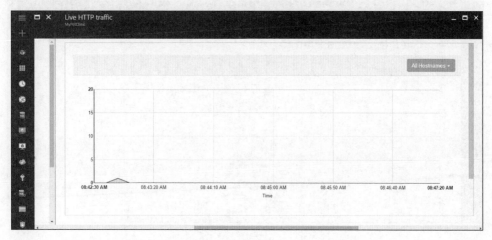

图 8-28

我们可以根据 Azure **App Services** 中的所有主机名称，获取 HTTP 实时流量。

Azure App Services ——CPU 和内存消耗

我们也可以获得关于 CPU 和内存使用比例的细节，了解 Azure Web Application 的性能，以及是否需要进行缩放操作，如图 8-29 所示。

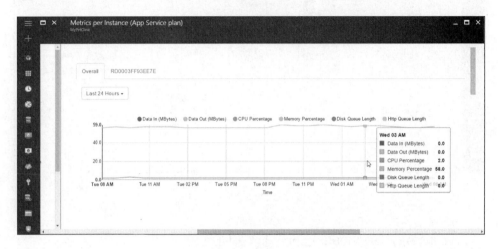

图 8-29

我们已经知道有一个 Azure Web 主应用程序，还有其他的部署插槽。我们还可以获取 Azure Web Apps 的细节或者 **Sites In Service Plan**，如图 8-30 所示。

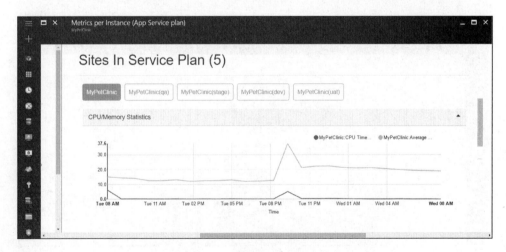

图 8-30

这里，我们将查看 Azure Web Apps 中 **MyPetClinic(dev)** 部署插槽的细节，如图 8-31 所示。

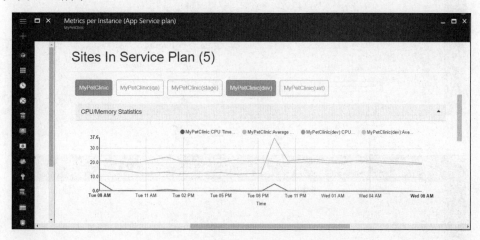

图 8-31

有时候，我们可以在 **App Service plan（ASP，应用服务计划）** 中选择几个或者所有插槽，查看 CPU 和内存利用率，如图 8-32 所示。

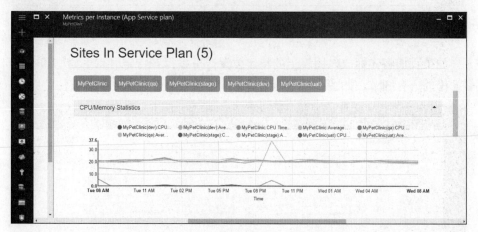

图 8-32

类似地，我们可以验证托管在特定 ASP 中的主 Azure Web 应用和部署插槽的 **HTTP 统计数据**，如图 8-33 所示。

我们也可以验证托管在特定 ASP 中的主 Azure Web 应用和部署插槽的**网络统计数据**，如图 8-34 所示。

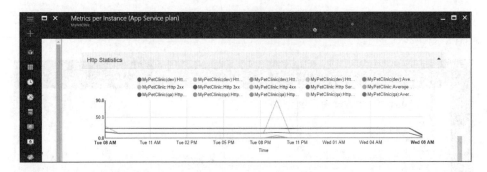

图 8-33

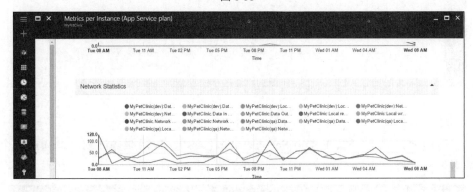

图 8-34

如果我们将光标放在图表上的特定位置，可以得到特定时点主插槽和其他部署插槽的所有细节，如图 8-35 所示。

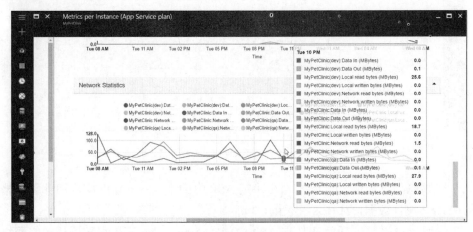

图 8-35

到目前位置，我们已经了解了诊断和问题解决部分。在下一小节，我们将了解与活动日志相关的细节。

Azure App Services——活动日志

活动日志根据**订阅、资源组、资源、资源类型、操作、时间跨度、事件类别、事件严重性**和**事件发起者**，显示 Azure Web 应用中执行的操作，如图 8-36 所示。

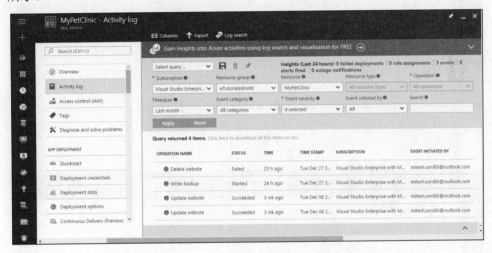

图 8-36

我们可以看到不同的操作，如更新、写入和删除操作。

用 Azure Application Insights 进行应用程序监控

在 Azure 资源管理门户中，转到 Azure **App Services**，选择 Azure Web 应用，并进入 **MONITORING** 部分：单击 **Application Insights**。

Application Insights 帮助我们识别和诊断 Azure Web 应用程序中的问题。当我们创建一个 Azure Web 应用程序时，可以选择创建与 Azure 应用关联的 **Application Insights**；如果没有创建，也可以创建新的 Application Insights 资源，如图 8-37 所示。

创建 **Application Insights** 资源之后，也可以从 Azure Web 应用程序中访问。首先，我们检查不同地区 Azure Web 应用程序的可用性。

在 **INVESTIGATE** 选项卡中，单击 **Availability**。这时没有可用的 Web 测试或者数据，如图 8-38 所示。

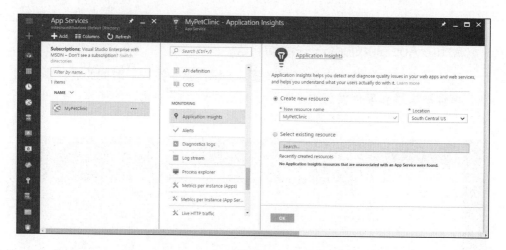

图 8-37

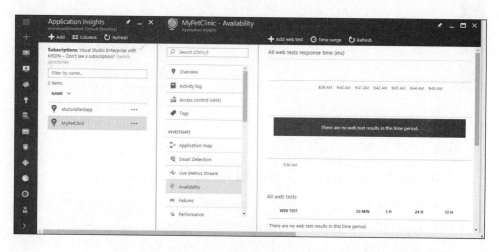

图 8-38

　　我们来添加一个 Web 测试。单击 **+Add web test**，提供 **Test name**、在 **Test type** 中选择 **URL ping test**，以及测试可用性的 **URL**，如图 8-39 所示。

　　在 **Test frequency** 中，选择 **5 minutes**，在 **Test locations** 中，选择任意 5 个我们想从中测试 Azure Web 应用可用性的位置，如图 8-40 所示。

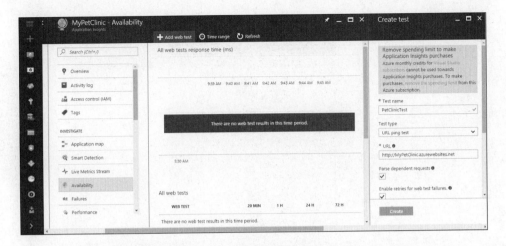

图 8-39

图 8-40

将 **Success criteria** 和 **Alerts** 设置为 **HTTP response: 200**。完成这些配置之后，单击 **Create**，如图 8-41 所示。

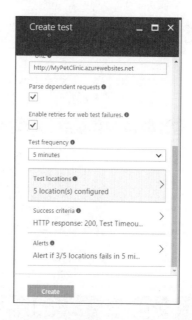

图 8-41

过一段时间，从我们在 Web 测试中配置的时区，将开始对 Azure Web 应用程序进行 Ping 测试。我们可以看到 **TOTAL SUCCESSFUL TESTS**、**TOTAL FAILED TESTS**、**AVERAGE RESPONSE TIME** 和其他细节，如图 8-42 所示。

图 8-42

在 **Application Insights** 门户，我们还可以看到 Web 测试的历史。

8.3.3　Azure Web 应用程序监控

我们已经在 Kudu 编辑器中看到了不同类型的日志文件。让我们在 Azure 门户中查看它们。

诊断日志

要启用或者禁用诊断日志，我们必须进入 Azure 门户中的 **App Services**，单击 **MypetClinic** 应用程序，在 **MONITORING** 部分单击 **Diagnostics logs**，如图 8-43 所示。

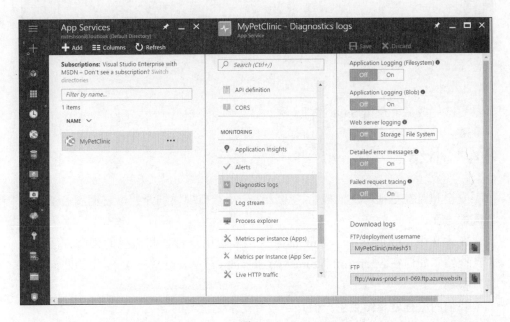

图 8-43

我们可以根据需要和环境，启用或者禁用不同种类的日志，如图 8-44 所示。

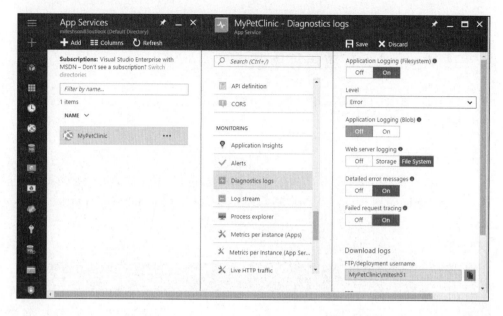

图 8-44

更改完成后，单击 **Save** 按钮。

8.4　小结

安全和监控是很广泛的概念，无法在一个章节中详细介绍，它们涵盖了许多不同的方面。

在本章中，我们介绍了 Jenkins 和 VSTS 中用户管理和监控的某些方面。我们还介绍了如何在 Microsoft Azure App Services 或 Azure Web Apps 中诊断问题并进行检修。

我们的旅程就要结束了；但是，教育是永无止境的。

Jiddu Krishnamurti 有这么一句名言：

教育永无止境。并不是读完一本书、通过一次考试，教育就完结了。从出生的那一刻，一直到死去，人的一生都是学习的过程。

欢迎来到异步社区！

异步社区的来历

异步社区（www.epubit.com.cn）是人民邮电出版社旗下 IT 专业图书旗舰社区，于 2015 年 8 月上线运营。

异步社区依托于人民邮电出版社 20 余年的 IT 专业优质出版资源和编辑策划团队，打造传统出版与电子出版和自出版结合、纸质书与电子书结合、传统印刷与 POD 按需印刷结合的出版平台，提供最新技术资讯，为作者和读者打造交流互动的平台。

社区里都有什么？

购买图书

我们出版的图书涵盖主流 IT 技术，在编程语言、Web 技术、数据科学等领域有众多经典畅销图书。社区现已上线图书 1000 余种，电子书 400 多种，部分新书实现纸书、电子书同步出版。我们还会定期发布新书书讯。

下载资源

社区内提供随书附赠的资源，如书中的案例或程序源代码。

另外，社区还提供了大量的免费电子书，只要注册成为社区用户就可以免费下载。

与作译者互动

很多图书的作译者已经入驻社区，您可以关注他们，咨询技术问题；可以阅读不断更新的技术文章，听作译者和编辑畅聊好书背后有趣的故事；还可以参与社区的作者访谈栏目，向您关注的作者提出采访题目。

灵活优惠的购书

您可以方便地下单购买纸质图书或电子图书，纸质图书直接从人民邮电出版社书库发货，电子书提供多种阅读格式。

对于重磅新书，社区提供预售和新书首发服务，用户可以第一时间买到心仪的新书。

用户帐户中的积分可以用于购书优惠。100 积分 =1 元，购买图书时，在 里填入可使用的积分数值，即可扣减相应金额。

纸电图书组合购买

社区独家提供纸质图书和电子书组合购买方式，价格优惠，一次购买，多种阅读选择。

社区里还可以做什么？

提交勘误

您可以在图书页面下方提交勘误，每条勘误被确认后可以获得 100 积分。热心勘误的读者还有机会参与书稿的审校和翻译工作。

写作

社区提供基于 Markdown 的写作环境，喜欢写作的您可以在此一试身手，在社区里分享您的技术心得和读书体会，更可以体验自出版的乐趣，轻松实现出版的梦想。

如果成为社区认证作译者，还可以享受异步社区提供的作者专享特色服务。

会议活动早知道

您可以掌握 IT 圈的技术会议资讯，更有机会免费获赠大会门票。

加入异步

扫描任意二维码都能找到我们：

| 异步社区 | 微信服务号 | 微信订阅号 | 官方微博 | QQ群：436746675 |

社区网址：www.epubit.com.cn

投稿 & 咨询：contact@epubit.com.cn